스타일의 완성도를 높이는 프리미엄 헤어케어 브랜드

ESTETICA는 미, 미용을 뜻하는 이태리어로 '건강한 아름다움'을 추구합니다. 에스테티카만의 기술력과 노하우로 자연에서 얻은 다양한 추출물과 영양복합체들을 최적의 상태에서 선정 및 실험하여 건강한 아름다움의 원동력인 "완성도 있는 헤어스타일"을 선사합니다.

제품문의 Tel 02 · 2166 · 7870

신뢰와 기술의 기린
(주)기린화장품
www.kirincos.com
1분이 아니라도 괜찮겠어요?
세상에서 가장 순하고 부드러운 포네온 1분
1N 흑색 BLACK&BLACK
PROFESSIONAL 1Min Hair Color Cream
프·로·페·셔·널 1분 헤어칼라크림
순하고 부드러운
1분 헤어칼라 포네온
1Min HAIR COLOR CREAM
FORNEON PROFESSIONAL
120ml
120ml
포네온 1분 염색약은
특별한 염색약이 아닙니다.
단, 품질만큼은 특별합니다.

염색 후 다시 태어난 듯
비단결 머릿결을 원하시면
살롱에서 쉽고 빠르게
염색할 수 있습니다.

시간이 경과하여도
손상이 가지 않고 더욱 더
부드러워집니다.
1분 100kg
7분 100kg
20분 100kg
손상이 제일 심한 사람은 누구일까요?
염색시간이 빠를수록 머릿결 손상도가 적습니다.
포네온 1분 헤어칼라

자연으로 만든 순수한 1분
1N 흑색   3N 진한갈색   4N 밝은갈색   5N 밝은밤색   5RN 적갈색   8N 황갈색

대한민국 특허 10-633439
미국 특허 7416566
유럽CE / 미국FDA승인
수출 의약외품 염모제

모발에 골고루 바른후 1분이면 충분합니다. 모발 침투
촉진제가(큐티클층)에 깊숙히 침투하여 고르게 안착
되도록 하여 짧은 시간에 자연스러운 색상을 가능하게
하는 특허를 보유하고 있습니다.
ISO 9001 / ISO 14001인증업체
싱가폴,네덜란드,미국 등 16개국에 수출하여
백만불달성, 품질로서 인증받은 제품입니다.

우리의 열펌시장을 이끌어갈 '나도나도 열펌 시스템'

새.로.운.역.사. 100년을 약.속.드.립.니.다.

디지털, 세팅, 아이롱, 볼륨매직, 매직스트레이트, 마샬아이롱 . . .

'나도나도'는 모든 열펌을 하나로 통합한 시스템으로,
주요성분인 열활성화 단백질이, 모발 내외부를 꼼꼼하게 보호하여
건강한 스타일을 만들어줍니다.

일진코스메틱

소비자 상담실 080-3272-200 | www.iljincosmetics.co.kr

ESTETICA KOREA

100

ESTETICA Italy via Cavour, 50 10123 Torino - Italy

Tel : + 39 011 8123597-8123619 / Fax : + 39 011 8171188 / info@estetica.it

ESTETICA Korea

(CMB/D 3F) 201-1 Garo Gongwon-St. Gangseo-gu, Seoul, KOREA

Tel: +82-2-2695-2255 / Fax: +82-2-2606-4885 / www.beautycoco.kr

• 검색창에 수빈아카데미를 쳐보세요. 수빈아카데미 검색
www.soobin.co.kr
Makeup
대한민국 NO.1 뷰티아카데미
BEAUTY SPECIALIST 를 위한 최상의 선택!!
SOOBIN 수빈아카데미
02-515-1676
Stylist
Esthetic
Nailar

비벨 프로페셔널 신제품출시
비벨 신규 대리점 모집

BABEL

BABEL DIESS
green tea 3D treatment
waxing hair color
바벨 디에스 그린티 3D 트리트먼트 왁싱 헤어 칼라

01 CRYSTAL
02 YELLOW
03 ORANGE
04 RED
05 CHERRY RED
06 GOLD BROWN
07 CHOCO BROWN
08 BLACK
09 DARK BROWN
10 BLUE
11 BLUE VIOLET

New New New

· 모발을 촉촉하고 윤기있게
· 젤 타입의 제품으로 시술이 매우 편리
· 물 빠짐이 적어 선명한 색상을 오래도록 유지

지역별 제품 구입처
청주010-5467-3474 대구010-3815-7888 김천011-531-8944 대전010-5454-3339 광주062-224-4370 김해010-2585-1729 부산011-834-1295 창원010-3860-4513
진주010-3569-5912 인천010-5417-7041 부천010-3792-4842 고양010-7144-3100 목동011-757-9040 횡성011-369-4077 서산011-281-8287 충주010-5482-2825
제주010-2809-5613 안산010-3241-8897 안산010-2425-2472 안양010-2428-2119

SEOULCOSMETICS Co., Ltd.
인천광역시 남동구 남동동로 63번길 12 | 고객상담전화 : 032-815-5800, 011-9017-3771
www.seoulcos.co.kr

전국 슈퍼 **헤어살롱**
명품 헤어스타일 찾기

초판 1쇄 인쇄 2012년 9월 12일
초판 1쇄 발행 2012년 9월 15일

지은이 장업신문

펴낸이 이권치

펴낸곳 (주)약국신문 출판국

등록번호 제318-2009-000046

주소 서울시 영등포구 당산동6가 121-99
전화 02-2636-5727
팩스 02-2634-7097

ISBN 978-89-98198-00-8

정가 18,000원

전국 슈퍼 헤어살롱

명품 헤어스타일 찾기

장업신문

(주)약국신문 출판국

Contents

Contents

아름다움을 꿈꾸는 사람들을 위한 한국판 슈퍼 헤어살롱 가이드

장업신문 발행인 · 회장
이관치

아름다움(美)은 인류의 영원한 꿈이자 이상이며, 아름다워지고 싶은 마음은 불변의 소망입니다. 동서고금을 막론하고 아름다움은 인간이 갖고 있는 가장 원초적이고 중요한 욕망이며, 아름다워지고 싶은 것은 가장 강력한 수요입니다.

뷰티서비스산업은 이런 인류의 꿈과 소망, 욕망과 수요 위에서 싹트고 발전해 왔습니다. 그러하기에 인류가 존재하는 한 부단하게 발전해 나갈 것이며, 문화가 다양해지고 소득 수준이 높아질수록 그 가치는 더욱 빛날 것으로 확신합니다.

최근 들어서는 웰빙이 세계적으로 강력한 트렌드가 되고 삶의 질이 높아지면서 아름다움에 대한 꿈과 아름다워지고 싶은 소망은 더욱 커지고 있습니다. 이에 더해 자기 자신의 향상과 더 나은 내일을 위해 투자를 아끼지 않는 소비패턴이 강화되고 있습니다.

이런 흐름은 인류의 행복을 증진하기 위해 뷰티서비스산업이 기여할 수 있는 여지를 더욱 넓혀주고 있습니다. 뷰티서비스에 대한 수요가 더욱 다양해지고 확대되는 추세를 보이는 만큼 이를 충족시켜 줌으로써 뷰티서비스산업의 위상은 더욱 높아지고 외형상으로

나 질적으로나 더욱 성장할 수 있을 것입니다.

그리고 이미 우리는 그런 현상을 보고 있습니다. 아름다움의 가치와 아름다움의 추구에 대한 인식이 달라짐으로써 그동안 미용인들이 어려운 환경 속에서도 차곡차곡 쌓아온 기반 위에서 국내 뷰티서비스산업은 새로운 시대를 열어가고 있습니다. 여기에 한류 열풍은 또 하나의 힘이 되고 있습니다.

정부에서 뷰티서비스산업을 국가 신성장동력산업의 하나로 보고 지원책을 전개하게 된 것도 이런 현상과 미래의 가능성을 인식했기 때문입니다. 우리 뷰티서비스산업은 정부의 적극적인 정책적 지원 아래 전통적인 내수시장에서도 크게 발전함은 물론 한류 열풍을 타고 날로 늘어가고 있는 뷰티 관광객의 유입에도 크게 기여할 것으로 기대됩니다. 이뿐 아니라 다양한 방법으로 해외에 진출해 한국의 뷰티를 세계에 전파할 수 있을 것으로 기대를 모으고 있습니다.

이 책은 이런 국내 뷰티서비스산업의 위상을 널리 알리고자 하는 취지를 갖고 기획돼 세상의 빛을 보게 됐습니다. 나날이 위상이 높아져 가고 있는 뷰티서비스산업 중에서도 핵심적 위치를 차지하고 있는 전국의 슈퍼 헤어살롱을 소개한 것이 주 내용입니다.

그렇기 때문에 이 책은 일차적으로 소비자들에게는 각자가 원하는 헤어살롱을 찾을 수 있는 가이드로서, 헤어살롱에게는 소비자와의 연결고리로서 의미가 있을 것입니다. 이에 더해 이 책은 개별 헤어살롱을 다루는 각론을 통해 우리 뷰티서비스산업의 현주소를 유추해볼 수 있는 역할도 감당할 수 있을 것입니다. 아울러 뷰티서비스산업의 주춧돌을 놓았고 미래를 꿈꾸며 오늘을 이끌어가고 있는 미용인들의 열정, 노력, 비전을 확인하고 공감할 수 있는 계기를 만들어줄 수도 있을 것입니다.

크지 않은 이 책자가 아름다움을 꿈꾸고, 아름다움에 대한 꿈에서 비전을 찾는 모든 이들에게 조그맣게라도 기여해 사랑을 받기를 기대합니다.

이 책이 세상에 나오기까지는 대한미용사회중앙회 최영희 회장님과 경기도지회 이선심 회장님의 관심과 성원이 큰 힘이 되었음을 밝히며, 특별히 감사의 말씀을 전합니다. 아울러 박준뷰티랩 대표 박준 프로님을 비롯해 바쁜 시간을 내어 취재에 응해 주신 헤어살롱의 대표님과 원장님들께도 감사드립니다.

미용인들의 성공 노하우와
진솔한 삶을 담아내는 양서는
미용인들에게 희망을 심어줍니다

대한미용사회중앙회장
최영희

화장품 · 미용 전문언론으로서 오랫동안 업계와 함께 호흡하면서 산업의 발전을 위하여 노력을 경주해 온 장업신문에서 이번에 미용인들의 성공 노하우와 미용인들의 진솔한 삶의 이야기를 담은 책 '전국 슈퍼 헤어살롱'을 발간하는 것을 진심으로 축하드립니다.

한국 미용계는 최근 그 어느 때보다도 역동적으로 발전하고 있습니다.

이러한 가운데 미용인들의 성공 노하우와 진솔한 삶을 담은 양서가 출간되는 것은 참으로 반가운 일이 아닐 수 없습니다.

이와 같은 책의 발간은 오히려 늦은 감이 있습니다만, 이제라도 장업신문에서 내놓게 되어 미용인을 대표하는 사람으로서도 기쁘게 생각합니다.

지금 미용 분야는 실용예술로 거듭나고 있는 과도기적 상황에 놓여 있다고 하겠습니다.

학문적으로도 새롭게 조명되면서 체계를 만들었습니다. 아울러 한류의 주역이 되어 우리 국가경쟁력 강화에 기여하는 국가 신성장동력사업으로도 평가받고 있습니다.

우리 미용인들은 미용 분야가 예술이라는 확신을 갖고 있습니다. 다양한 헤어쇼를 통해서 아름다운 예술로 승화시키면서 실용예술이라는 새로운 영역을 개척해 나가고 있습니다.

그러나 이러한 시기에 일반 국민들에 대해서는 아직도 홍보가 부족하다는 것이 미용을 사랑하는 사람들의 지적입니다.

이번에 장업신문이 펴낸 책은 이러한 미용인들의 아쉬움을 달래준다는 점에서 유효하리라 기대합니다.

그뿐 아니라 현재 미용업에 종사하시는 분들에게는 미용에 대한 자신감과 성공 롤모델을 제공하고, 또 미용 꿈나무들에게는 미용의 길을 확고하게 걷도록 희망을 주는 지침서가 될 것입니다.

아울러 일반 국민들에게는 미용인들이 이렇게 치열한 인생을 살면서 자기 직업을 예술로 승화시키며 성공적인 삶을 살고 있다는 것을 인식시키게 될 것입니다.

이 책이 발간되기까지 노력해주신 장업신문 임직원 여러분들의 노고에도 박수를 보냅니다.

이번 책 발간을 계기로 미용인을 새롭게 조명하는 양서들이 국내에서 연이어 발간되기를 기대합니다.

감사합니다.

대한미용사회중앙회 前 회장

하종순 살롱 드 마샬 회장
한국 미용산업 세계화의 초석 놓은 거인

'**나**이는 숫자에 불과하다' 는 광고 문구가 유행어로 사람들의 입에 자주 오르내린 적이 있었다.

미용에 대한 넘치는 의욕으로 칠순을 넘긴 나이에도 살롱 드 마샬의 회장으로서 왕성한 활동을 보이며, 한국 미용산업의 발전을 위해 여전히 열정을 불태우고 있는 하종순 대한미용사회중앙회 前 회장에게 '나이는 숫자에 불과하다' 는 말은 가장 적합한 수식어일 듯하다. (하종순 살롱 드 마샬 회장 · 대한미용사회중앙회 前 회장에 대한 호칭은 이하에서 하종순 회장으로 통일)

하종순 회장은 1962년 당시 패션의 중심지 명동에 마샬 뷰티살롱을 오픈한 이래 50년 동안 명성을 이어오며 국내 미용업계를 지켜온 대모이다. 그뿐 아니라 1992년 대한미용사회중앙회 16대 회장으로 선출되면서 '헤어월드 1998 서울대회' 의 유치에 성공해 한국 미용산업이 몇 단계 도약할 수 있는 계기를 만들었다.

하 회장이 16대에 이어 17, 18대 대한미용사회중앙회장 을

연임하며 유치하고 준비한 헤어월드1998 서울대회는 1998년도에 올림픽공원에서 세계 56개국의 국내외 선수 및 관계자 15만명이 참가하는 성황속에 개최됐으며, 성공적인 대회였다는 평가를 받았다.

'헤어월드 '98' 통해 한국 미용 도약 기틀 다져

하 회장은 "헤어월드1998 서울대회의 성공적 개최는 한국 미용산업이 몇 단계를 도약해 발전하는 계기가 됐다" 고 회고했다.

헤어월드1998 서울대회의 성공적 개최는 미용에 대한 일반인들의 인식을 바꾸는 것은 물론 국내 미용인들의 기술력을 세계에 알리며 한국이 세계적 미용 강국으로 발돋움할 수 있는 초석을 마련했다는 평가를 받았다.

또한 하종순 회장은 선진 트렌드와 기술을 빠르게 보급하고 헤어살롱 운영에 도움을 주기 위해 프랑스미용협회(L.C.F)와 교류를 통해 국내 미용산업의 미래를 준비하는 데에도 노력을 아끼지 않았다.

하 회장은 교육에 대한 열정을 갖고 2000년에는 L.C.F 코리아를 조직해 국내 미용인들이 보다 빠르게 새로운 트렌드와 기술을 교육받을 수 있도록 자리를 마련했다.

하 회장은 "미용업계가 더욱 발전하기 위해서는 교육이 최선의 방법"이라며 "미용인들이 신기술을 개발하고 고객 서비스를 개선하기 위해 더 많이 공부하고 노력해야 한다"고 말했다. 이어 그는 "L.C.F 코리아를 조직

▲L.C.F코리아의 2011년 F/W 트렌드 컬렉션.

한 것도 회원들이 자기개발을 위해 교육을 받을 수 있도록 하기 위해서였다"며 교육의 중요성을 재삼 강조했다.

OMC 부회장·아시아 회장 역임 하 회장은 2001년에는 OMC 부회장 겸 아시아 지역 회장을 역임하며 해외 미용단체와의 교류를 통해 해외의 신기술과 선진 미용정보를 국내에 소개했다. 하 회장은 현재도 L.C.F 코리아 회장과 OMC 아시아 명예회장으로 활동하며 국내 미용산업 발전에 크게 기여하고 있다.

대한미용사회중앙회장 연임하며 '헤어월드' 유치·성공적 개최 '공적'
OMC 등 해외단체와 교류 전개 'L.C.F 코리아' 통해 교육 기회 마련
샬롱 드 마샬 운영 … 업계 선도 "미용산업 발전 원동력은 교육" 강조

16대부터 18대까지 3회 연속 대한미용사회중앙회장을 역임하며 국내 미용산업의 발전을 위해 헌신했던 하 회장은 한국 미용의 역사와 반세기를 함께한 샬롱 드 마샬의 회장으로서도 한국 미용 산업의 발전에 공헌했다.

62년 마샬 뷰티살롱 오픈 … 올해 50주년 맞아 대한민국을 대표하는 고급 뷰티살롱의 대명사인 마샬 뷰티살롱. 하종순 회장은 지난 1962년 명동에 마샬 뷰티살롱을 창립하면서 국내에 토털 뷰티 살롱 개념을 도입했다. 헤어살롱이 단순히 헤어스타일만을 바꾸는 곳이 아닌 메이크업과 스킨케어, 네일케어 등의 토털 뷰티를 서비스하는 공간으로 변화를 시킨 것이다.

마샬 뷰티살롱은 지난 반세기 동안 기술교육뿐만 아니라 인성이나 매너교육으로 마샬 뷰티살롱만의 고품격 서비스를 제공해 고객들에게 꾸준한 사랑을 받아오고 있다.

고급 뷰티살롱의 선두주자인 마샬 뷰티살롱은 지난 2009년 프리미엄 헤어살롱인 살롱 드 마샬을 론칭하며 고품격 헤어살롱으로서의 위상을 확고히 했다.

이어 젊은 감각이 돋보이는 보뜨 마샬을 선보이며 중장년층부터 신세대까지 모든 연령층의 고객들이 토털 뷰티 서비스를 받을 수 있도록 성장했다.

프리미엄 헤어살롱인 살롱 드 마샬은 330m²(100평) 이상의 대형 헤어살롱으로 고객에 대한 사랑과 정성을 아름다움과 건강으로 표현하는 마샬 뷰티살롱의 철학을 이어가며 고품격 서비스를 제공하고 있다.

2001년 이화여대점 오픈을 시작으로 대학가와 젊은 고객들이 찾는 번화가를 중심으로 3개의 매장이 운영 중인 보뜨 마샬은 젊은 감각에 어울리는 인테리어가 돋보인다. 디자이너와 스태프의 교육은 살롱 드 마샬과 통합해 진행하기 때문에 똑같은 고품격 서비스가 제공된다.

하 회장은 "미용실은 기술을 파는 곳이지만 서비스 정신과 봉사 정신이 없으면 생명이 끝난 것"이라며 "요즘도 지점을 순회하면서 서비스와 인성교육을 강조하고 교육에 나선다"고 말했다. 이어 "살롱 드 마샬은 자체 교육 시설을 갖추고 인턴과 신입사원은 물론 모든 디자이너들의 기술 향상을 위해 끊임없이 교육을 한다. 이런 교육시스템이 살롱 드 마샬의 원동력이 됐다"고 강조했다.

미용에 대한 열정으로 마샬 뷰티살롱을 이끌며 한국 미용산업 발전을 위해 헌신해온 하종순 회장의 왕성한 활동은 계속되고 있다.

하종순 회장 ●━━━━━━━━

대한미용사회중앙회 16~18대 회장을 역임했으며, 1998년 OMC아시아회장과 OMC 부회장을 역임했다.
1998년 헤어월드 서울대회 조직위원장으로 성공적으로 대회를 치렀다.
2000년 L.C.F 코리아 회장에 임명됐다.
2000년 3월에는 한국 미용산업 발전에 기여한 공로를 인정받아 국민훈장 석류장을 수상했다.
현재 살롱 드 마샬 회장, L.C.F코리아 회장 등으로 왕성한 활동을 보이고 있다.

▲헤어월드 '98의 테이프 커팅(좌) 및 기념사진. 개막식에는 당시 대통령 영부인 이희호 여사, OMC 회장, 김모임 보건복지부 장관이 참가했다.

한국 미용 기초 세운 1세대 송혜자 명장

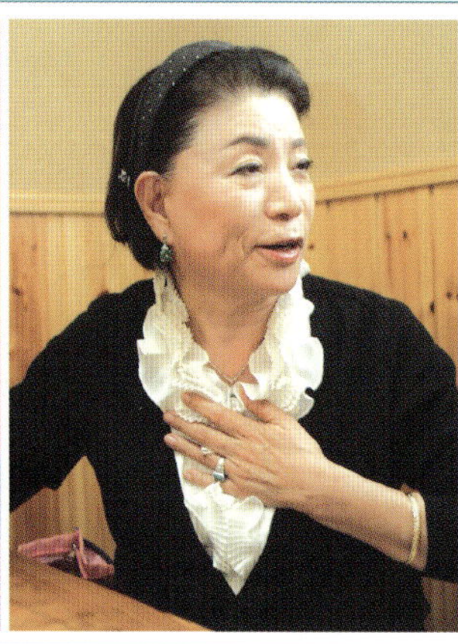

인성 · 실력 두루 갖춘 언제 어디서나 당당한 '쟁이'

"**돈** 보다는 인간으로서, 인간의 몫을 하고 살아야 한다"

미용계 원로로서 후배들에게 해주고 싶은 말로 송혜자 명장은 미용을 하면서 무엇보다도 인간성을 갖춰야 한다고 역설했다.

송 명장은 "미용인들의 삶을 보면 참 열심히 산다는 것을 알 수 있지만, 또한 이 사회가 그것을 알아주지 않는다는 느낌이 든다"고 아쉬움을 토로했다. 이어 "사람들에게 열심히 살아가는 미용인의 본모습을 제대로 보이기 위해서는 미용인만의 세계에서 벗어나 어디에 가서나 자신감이 넘치고 미용인을 대표한다는 마음으로 올바르게 행동해야 한다"고 강조했다.

미용 1세대인 송 명장이 이러한 인성과 함께 강조하는 것은 무엇보다도 실력이다. 송 명장은 "명장이라면 삶 자체도 남에게 밉보이지 않도록 하는 것은 물론 어린아이의 머리부터 국제대회에 나가서도 기량을 뽐낼 수 있는 작품 실력까지 갖춰야 한다"고 말했다.

이에 송 명장은 좋은 기술과 정신을 후배들에게 알뜰하게 물려주겠다는 의지로 대한미용사회 최연소 종로구 지회장, 서울시협의회장 등 미용사회의 활동을 마무리하고 후진 양성에만 노력을 기울이고 있다.

미용 일을 시작해 성공적인 숍 운영으로 다수의 단골 고객을 확보하며 빠르게 성장한 송 명장은 자신의 실력을 테스트하는 의미로 1980년 IBS에 출전했었다. 이후 그 실력을 인정받아 국가대표로 선발돼 미국 대회에 참가하는 기회도 잡았다.

이렇게 활발한 작품 활동을 펼치던 송 명장은 스스로 공부하며 부족하다고 느꼈던 부분이 많아 후배들에게 자신의 노하우를 전수하기 위해 대한미용사회중앙회 기술강사 1기로 나서 열심히 뛰며 강의하고, 경진대회를 활성화시켜 미용인들의 자기계발을 독려했다.

기술강사 1기로 배울 것이 없었던 송 명장은 교육 프로그램들을 개발, 이후 대한미용사회중앙회 기술분과위원장을 맡아 세계대회에 나가면 무조건 수상자를 배출하는 성과를 이루기도 했다. 특히 IBS대회에는 3년 연속 출

걸음걸음이 미용산업 역사 ··· 후배 양성 주력

미용사회 활동 · 국가대표 · 기술강사 · 미용도서와 교육비디오 발간 · 국제대회 심사위원 · 월드대회 유치 · 대학 교육과정 개설

전해 7~8파트에서 입상자를 배출하고 독일, 미국, 영국 등에서 3년간 20여개의 상을 수상하는 쾌거를 이뤘다.

이러한 성과에도 불구하고 그 당시에는 미용 교육은 불모지와 다름 없었다. 이에 갈증을 느낀 송 명장은 해외대회에 나갈 때마다 300여장의 작품 사진을 찍어왔다. 선수들을 가르치기 위한 자료 수집으로 작품 사진을 보며 분석하기 위함이었다.

이렇게 쌓인 노하우를 바탕으로 선진 기술을 보급하고자 '업스타일헤어전집', 교육 비디오 등을 발간했다.

베를린 국제대회 심사위원 교육에 참가하며 송 명장은 혹여나 오해를 살까 자신이 가르친 학생들 곁에 가지도

않았다고 한다. 실질적인 실력을 함양하는 것을 목표로 교육을 진행한 자신감 덕분이었다.

또한 이렇게 활발히 세계 대회에 참가하고 국제심사위원을 거치며 각국 회장들과 친밀한 관계를 유지한 것을 바탕으로 1993년 벨기에에서 월드대회의 국내 유치에 성공하기도 했다.

우리나라 미용과 후배들의 발전을 위해 송 명장은 '언제나 새로운 것을 개척하며 현재를 만든다'는 생각으로 해외 트렌드를 공부하고 가르치기를 반복, 이렇게 양성한 후배들이 현재 우리나라 미용계를 이끌고 있는 것만으로 뿌듯함을 느낀다고 말한다.

또한 숙명여대 미용산업학과 1기로 만학의 꿈을 이루고 이화여자대학교 평생교육원 미용아트과정 개설에 참여했다. 이 때 송 명장은 미용심리, 미용경영이 아닌 정식 심리학과 교수와 경영학과 교수가 강의하는 프로그램을 구성, 보다 전문적인 미용인 육성에 힘을 기울였다.

현업에서 갈고닦은 실질적인 기술을 바탕으로 강의 실력을 인정받았기에 이러한 활동들이 가능했다고 회고하는 송 명장은 "명장은 남다른 아이템의 헤어를 연출할 수 있고 예술적인 작품을 만들 수 있어야 한다"며 "또한 경영이나 사업과는 상관없이 '쟁이'로 잔뼈가 굵어야 한다"고 이상적인 미용인의 모습을 제시했다.

송혜자 명장

▶ **경력**

- 1980년　　미국 I.B.S 국가대표로 출전해 3위 입상
- 1993년　　벨기에 엔토호프 유럽 챔피언십 국가대표 출전
　　　　　　이화여자대학교 미용아트과정 개설 주임교수
- 1995년　　미국 I.B.S 국제심사위원 및 금메달 2연패 배출
　　　　　　기능올림픽 금메달 2연패 배출
- 1996년　　독일 프랑크푸르트 유럽 챔피언십 트레이너 및 심사위원장
- 1998년　　헤어월드 조직위원
　　　　　　신지식인 선정
- 2008년　　규슈 국제 이미용 선수권 대회 심사위원장
- 이외에 대한미용사회 종로지회장, 이사, 감사 및 서울시 미용사회장, 대한민국 명장회 이사 역임

▶ **수상**

- 2004년 대한민국 미용명장 선임
- 2009년 대한민국 미용명장상
- 2005~2008년 강원도 영월군수 미용봉사 감사패
- 2011년 국제미용조직위 명장부문 골든상
- 이외에 서울특별시장상, 보사부장관상, 대한미용사회중앙회장상

❶ 이화여대 졸업작품전에서 펼친 특별 강연 모습 ❷ 93년 벨기에서 열린 유럽 챔피언십에 출전, 98년 헤어월드 유치에 성공했다. ❸ 2004년 명장 최고 득점자로 대표로 인증서를 받고 있다. ❹ 독일 프랑크푸르트 유럽 챔피언십 참가 모습 ❺ 심사위원으로 참가한 일본 규슈대회에서 우수상과 규슈 지사상을 탔다.

대한미용사회 기술분과 국제위원장

김동분
서정대학 교수

공부 놓지 않는
미용 교육자 · 경영인

20 10년부터 서정대학 피부미용과에서 학생들을 가르치고 있는 김동분 교수는 오랜 살롱 경영 노하우와 교육에 대한 열정을 담아 살아 있는 생생한 강의로 정평이 나 있다. 이러한 김 교수가 학생들에게 강조하는 것은 무엇보다 인성과 기본기이다.

1979년 미용사 자격증을 취득하고 미용 일을 시작했던 김 교수는 1996년 국가대표로 발탁, OMC 세계월드챔피언십에 출전하는 기회를 잡게 됐다. 하지만 처음으로 나가본 세계 대회에서 선진국들과 큰 기술의 차이를 느끼고 다시 한 번 자신을 돌아보는 기회를 가졌다.

김동분 교수는 "해외에 나가보니 한국의 미용기술을 알아주지 않을 뿐더러 커다란 격차를 느끼고 돌아왔다"며 "스스로가 우물 안 개구리처럼 느껴지면서 체계적으로 기본기를 다시 배우고 싶은 마음이 들었다"고 말한다.

40세에 어린 자녀 두고 영국 유학 이에 어린 자녀들을 두고 적지 않은 나이인 40세 무렵, 학업에 대한 의지를 세우고 영국 비달사순으로 유학을 떠나 1년 반 정도 기본기를 다시 닦고 돌아왔다.

유학 생활을 통해 김 교수는 무엇보다도 자신감을 얻게 됐다고 말한다. 고객의 헤어를 스타일링하면서 '제대로 하는 게 맞는가'에 대한 의구심이 들던 시절도 있었지만, 자기 생각을 뚜렷하게 내세울 수 있는 자유로움과 예술 작품에 대한 자유분방함을 지닌 영국에서 공부하면서 자유롭고 창조적인 스타일을 연출하게 됐다.

▶ *"인성 · 기본기 갖춰야" 강조*
　　▶ *실기와 함께 경영도 가르쳐*
　▶ *'투철한 직업의식' 은 필수*

이렇게 본인 스스로 기본기를 바로 세운 김 교수는 학생들에게도 가장 기초적인 것을 중요하게 생각해야 한다고 이야기한다. 김 교수는 "이제 미용을 시작하는 학생들이 첫 단추를 잘 끼워야 한다"며 "내가 걸어온 길을 걷는 학생들이 올바르게 나아갈 수 있도록 엄마의 마음으로 기초를 닦아주고 싶다"고 말한다.

이와 함께 김 교수는 학생들의 인성 교육을 중요시한다. 미용을 배우는 것이 단순히 기술만을 익히는 것이 아니라 사람을 대하는 것이기에 성실성과 인성이 뒷받침돼야 한다는 것이다. 김 교수는 "교수로서 볼 때 우수한 학생이 반드시 경영자 입장에서도 훌륭한 직원일 수는 없다"며 "교육과 현장의 괴리가 커, 기술과 인성 등 모든 면에서 확신이 서기 전까지는 학생들을 매장에 데려가지 않는다"고 설명한다.

또한 김 교수는 학생들에게 항상 기능인이 되고 경영자가 될 것을 강조한다. 멀리 내다보면 언제까지나 직원으로 있을 것이 아니고 또한 기술만 좋다고 숍이 잘 되는 것이 아니라는 것을 경험을 통해 체득했기 때문이다.

그래서 일주일의 대부분을 학생들을 가르치는 일로 보내는 김 교수는 현장감을 잃지 않기 위해 일요일에는 예약을 받아 직접 고객들의 머리를 만지고 있다. 김 교수는 "실기 수업 서두에는 항상 내가 걸어온 길과 매장에서의 실례를 들어 경영 실무까지 함께 가르치고 있다"며 "현장감 있는 강의로 학생들이 실무에 투입됐을 때 마주할 수 있는 상황에 대한 학습을 제공한다"고 말한다.

교육 · 현장간 괴리 고민 학교와 현장을 오가며 김 교수는 최근 교육자이자 경영자로서 큰 고민을 안게 됐다. 학생들이 원하는 근무환경과 실제 숍에서 운영되는 방식 및 원하는 인재상에 큰 괴리를 보았기 때문이다. 김 교수는 "내가 처음 미용을 시작했을 때에는 남들이 쉴 때 아름답게 꾸며주는 것을 당연하게 생각했지만, 요즘 학생들은 주 5일 근무 등을 매우 중요하게 생각한다"며 "시대가 달라졌고 복지를 원하는 학생들의 마음은 이해하지만 서비스직인 미용업계에서 이러한 조건을 만족시키기 어려운 것이 현실"이라고 설명했다.

또한 아직까지 '직장'에 대한 인식을 제대로 갖추지 못한 미용인들의 문제점도 꼬집었다. 기본적으로 입사와 퇴사를 깔끔하게 처리해야 하는데, 이 부분이 원활하게 이뤄지지 못해 본인의 경력관리는 물론 숍의 운영에도 공백이 생기고 있다는 것이다. 이러한 상황에서 미용계가 한 걸음 더 발전하기 위해서는 미용인의 직업의식이 필요하다고 전했다.

자신의 경험을 통해 학생들을 가르치고 있는 김 교수는 현재 서경대학교 미용예술학과 박사과정에 재학하며 자신도 여전히 공부하고 있다. 김 교수는 "공부를 통해 얻을 수 있는 자기 만족과 안목, 자신감은 헤어 디자이너로서의 미래를 더욱 넓게 만들어 줄 것"이라며 후배 미용인들에게 끊임없이 공부할 것을 강조했다.

①서정대학 피부미용과 졸업작품 발표회를 마치고 학생들과 함께했다.
②김동분 교수가 우수 인재로 꼽은 이보람 학생과 졸업을 기념해 포즈를 취하고 있다.
③2010년 일본라이온국제대회에서 수상한 서정대학 제자들과 기념촬영.

김동분 교수

- 쎄씨헤어 1, 2, 3호점 경영
- 서경대학교 미용예술학과 박사과정 재학 중
- 2001년~　　대한미용사회중앙회 국가대표 트레이너
- 2001~2004년　대한미용사회중앙회 기술분과 부위원장
- 2005년~　　대한미용사회중앙회 기술분과 국제위원장
- 2010년~　　서정대학 피부미용과 조교수
- 2001~2005년　숙명여자대학교 교육대학원 미용산업최고경영자과정 초빙교수
- 2006~2010년　숙명여자대학교 교육대학원 미용산업최고경영자과정 주임교수

서정대학 피부미용과

서정대학 피부미용과는 국내 최고 · 최신식 실습시설을 갖추고 현업과 학계에서 최정상의 실력을 갖춘 현장 실무 교육 권위자들이 특화된 기술과 노하우를 전수하는 미용실무 및 현장 중심의 특성화된 교육을 체계적이고 전문적으로 실시하고 있다.

그 결과 국내 · 외 각종 미용대회에서 최다 수상을 기록하고 있다. 김동분 교수가 우수 인재로 꼽은 이보람 학생은 2010년과 2011년에 세계미용기술예술토탈챔피온십대회, 한국미용기능경기대회, I.B.U국제미용예술경연대회, 일본라이온국제대회, 대만국제대회 등에서 우수한 성적을 거뒀다.

특히 이보람 학생은 한국에서 열린 I.B.U국제대회에서 입상해 참가하게 된 일본라이온국제대회에서도 우수한 성적을 거둬 센스뷰티컬리지 전문학교의 요청으로 김동분 교수와 함께 기술 특강에 참여하기도 했다.

김재숙 헤어클리닉

'이미지 디자인' 통한 맞춤 헤어스타일 '호평'

Manpower

원　　　장　김재숙
디 자 이 너　김명순

Info

- **영업시간**　오전 9시30분~오후 8시30분(화요일 휴무)
- **연 락 처**　02-2685-2983
- **주　　　소**　서울시 구로구 고척2동 250-81호
- **찾아가기**　오류중학교 정문 앞

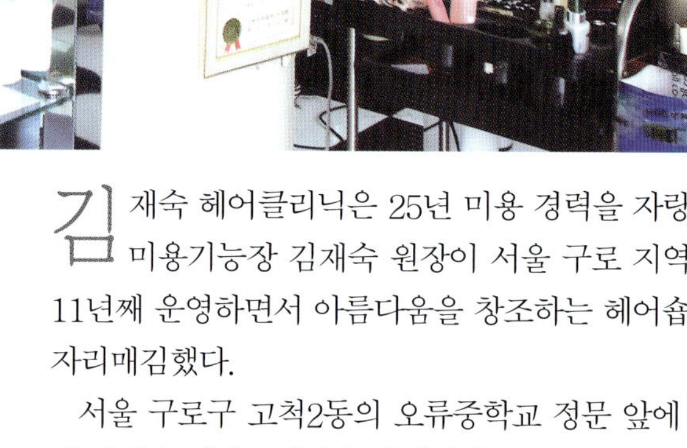

김재숙 헤어클리닉은 25년 미용 경력을 자랑하는 미용기능장 김재숙 원장이 서울 구로 지역에서 11년째 운영하면서 아름다움을 창조하는 헤어숍으로 자리매김했다.

서울 구로구 고척2동의 오류중학교 정문 앞에 위치한 김재숙 헤어클리닉은 지역에서 머리 잘하는 미용실로 소문나 학생들은 물론 선생님 등 프리미엄 고객 위주의 단골고객이 많다.

머리 잘하는 미용기능장 미용실 '소문' 김재숙 헤어클리닉은 블랙과 화이트를 사용해 심플하고 깔끔한 분위기에 꽃과 식물을 곳곳에 배치해 자연적이며 아늑한 공간으로 구성해 편안함을 선사한다.

고객서비스는 친절을 기본으로 다정다감한 상담을 통해 고객의 마음을 꿰뚫어 원하는 바를 이끌어내기 위해 노력한다. 고객의 얼굴형, 직업, 스타일, 시즌 등 다양한 조건을 고려한 '이미지 디자인'을 통해 어울리는 헤어스타일을 제안한다.

또한 기술을 바탕으로 편안하게 고객들을 대하고 시술받는 당일의 스타일 제안에서 그치는 것이 아니라 미리 다음 방문 시 시술할 스타일까지 제시한다. 트렌

드와 시즌에 따라 헤어스타일 및 시술을 제안하는 차별화 전략으로 고객들의 기대와 신뢰가 높다.

모발 손상 최소화에 중점 모든 헤어 시술은 머릿결 손상을 최소화하는 데 중점을 둔다. 김재숙 헤어클리닉은 열, 시간, 모발 특성에 따른 조절 노하우를 통한 열펌과 녹차실감 등 고품질의 제품을 이용한 두피클리닉, 헤어컬러링, 업스타일 등에 특화됐다.

특히 두피와 모발을 꾸준히 관리할 수 있도록 홈케어 손질 및 샴푸 방법을 설명해 고객들이 건강한 모발을 유지할 수 있다.

고객관리 프로그램을 통해 시술 내역, 방문 일자 등을 관리하고 있으며 기념일을 포함해 주기적으로 문자 및 메일 발송 서비스를 실시하고 있다. 또 포인트 적립 제도를 도입해 일정 금액 이상 적립되면 현금처럼 사용할 수 있다.

디자이너 교육은 외부교육을 통한 헤어 스케치, 업스타일 과정, 시술별 교육 과정, 신제품 및 신기술 세미나 등을 정기적으로 실시하고 있다. 또 자체적으로 시술 및 서비스 교육 등을 수시로 진행하고 있다.

김재숙 헤어클리닉의 경쟁력

커트 트렌드를 적용한 투 블록 커트, 비대칭 커트와 같이 모발의 움직임이 많아 보이는 커트와 샤기 커트, 울프 커트 등을 제공한다.

펌 머릿결 손상을 최소화하기 위해 모발 상태에 따라 열, 시간, 제품 등을 조절하는 노하우를 적용한 열펌, 일반펌, 진동펌, 수분가득펌, 디지털펌, 물결펌, 셋팅펌, 뿌리펌, 매직 등을 추천한다.

컬러 일반염색 오징어먹물, 매니큐어 등 트렌드를 반영한 손상 없는 헤어 컬러링을 선보인다.

두피·모발관리 녹차실감 등 고품질의 제품을 이용한 두피 및 탈모 클리닉을 통해 건강한 두피와 머릿결 관리를 도와준다.

김재숙 원장

김재숙 원장은 "어려운 환경과 힘든 길을 왜 갈려고 하냐는 주위의 우려에도 불구하고 미용을 시작해 힘든 과정 가운

미용이 좋고, 고객이 인정해줘 행복
대한미용사회 활동·지역봉사 활발

데서도 오뚝이처럼 일어나 끊임없이 공부를 한 결과 미용의 꿈을 이뤘다"고 밝혔다.

김 원장은 "내가 미용을 좋아하고 고객들이 나를 좋아해주고 인정해주기 때문에 행복하다"며 "나를 믿는 고객들을 위해 고객과의 약속은 꼭 지켜 신뢰를 쌓아 왔다. 더욱 즐기면서 평생 미용을 하고 싶다"고 경영철학을 설명했다.

그는 "누구에게나 떳떳하게 말할 수 있어야 진정한 성공이라고 생각하기 때문에 공부를 꾸준히 해 고객들에게 더욱 질 높은 서비스를 제공할 것"이라고 덧붙였다.

이어 "구로구지회장으로 대한미용사회 일에 집중해 지역 발전을 위해 더욱 노력할 것"이라며 "조직에서는 리더십이 중요하기 때문에 힘든 일이 있더라도 용기 있게 이겨내고 잘 이끌어 좋은 지회장으로 기억되길 바라며, 이후 후배에게 물려주고 싶다"고 강조했다.

김 원장은 미용인 후배들에게 당부의 말로 "경험처럼 중요한 것은 없다. 미용이 힘든 부분도 많지만 인내하고 자신들이 성실하게 훈련하다 보면 좋은 결과가 있을 것"이라고 조언했다.

또 "미용인이라면 분명 자기관리를 철저히 해야 한다고 생각한다. 그래서 다양한 운동을 통해 건강과 몸매 관리를 하고 있으며, 스타일에도 각별히 신경 쓰고 있다"고 말했다.

김 원장은 월 1회 지역주민을 대상으로 봉사활동도 하고 있다. 또한 헤어숍 운영 외에도 대한미용사회중앙회 강사, 각종 대회 심사위원 등의 활동을 병행하고 있다.

김 원장은 "미용인을 비롯한 회원들이 신뢰할 수 있는 구로구지회를 만들기 위해 노력을 경주할 것"이라고 계획을 밝혔다.

이어 "현재 미용업계가 어려운 가운데 사업 확장보다는 안정적으로 헤어숍을 운영하고 있다"며 "향후 헤어숍을 성장시키기 위해 1인 다역을 소화해 노력할 방침"이라고 포부를 밝혔다.

김재숙 원장은 숙명여대 경영자과정 및 단기전과정 수료, 유럽챔피언십 독일컵대회 종합 2위, 대한미용사회중앙회 기술강사 및 운영위원, 기능장, 일본 야마노대학 단기과정 수료, 구로예술축제 개인쇼 담당 등을 역임했다.

나비by헤어뉴스

자연스럽고 즐거운 아름다움 · 이미지 연출

Manpower

메이크업
대 표	서용선
부 원 장	우주희, 박연숙
실 장	유주현, 서나
팀 장	신윤진, 곽유리

헤어
대 표	김태우
원 장	이문숙
부 원 장	문민정
실 장	김영준, 한승철, 조정희
팀 장	양선영
디 자 이 너	조판수, 한준수, 예지

Info

- **영업시간** 오전 10시~오후 7시(웨딩메이크업 예약에 따라 변동)
- **연 락 처** 02-549-3407
- **주 소** 서울시 강남구 청담동 78-5
- **홈페이지** hairnewsnabi.blog.me

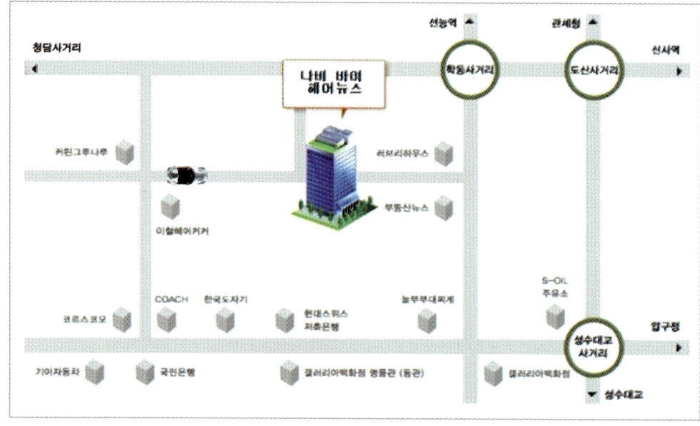

10여 년간 청담동에서 한자리를 지킨 헤어뉴스가 나비by헤어뉴스로 새롭게 태어났다.

서용선 대표는 지난해 헤어뉴스 청담점을 인수해 'Natural, Amusement, Beauty, Image'의 앞 글자를 따 나비by헤어뉴스(NABI by HAIR NEWS)로 상호를 변경했다.

이는 자연스럽고 즐거운 아름다움과 이미지를 연출하는 프리미엄 토털 뷰티 살롱으로 거듭나겠다는 의지를 표현한 것이다.

40여 명 헤어디자이너 · 메이크업 아티스트, 기술 · 인성 갖춰 다방면서 인정받아 현재 40여 명의 헤어 디자이너와 메이크업 아티스트가 근무하고 있는 나비by헤어뉴스는 웨딩 스타일링에서부터 방송 스타일링, 패션쇼, 주얼리쇼, 화보 등 다방면에서 그 실력을 인정받고 있다.

이렇게 다양한 현장에서 뛰어난 능력을 인정받을 수 있었던 것은 나비by헤어뉴스의 다양한 교육 프로그램이 뒷받침됐기 때문이다.

나비by헤어뉴스의 헤어 교육은 살롱에서 사용하고 있는 슈바츠코프의 일본 본사에서 강사가 직접 방문해 펌과 염색 등의 교육이 진행되고 있다. 또한 직급에 맞춰 수시로 스터디 교육을 진행하고 6개월마다 승급 시험을 치름에 따라 디자이너 스스로 실력 함양을 위해 노력할 수 있도록 시스템을 구축했다.

더불어 외부 전문가를 초빙한 인성 교육도 병행하고 있다. 서용선 대표는 "기능인에게 기술 교육은 당연한 것이고 요즘 시대에는 기술에만 치중해서 성공하기 어렵다"며 "고객을 대하는 데 아무런 문제가 없도록 배려와 인성에 대한 교육에 투자를 하고 있다"고 말한다.

헤어 · 메이크업 특성 맞춰 고객 관리 나비by헤어뉴스의 매장은 건축 당시부터 살롱으로 설계, 공간이 효율적으로 구성돼 있다. 2층은 헤어 시술을 받을 수 있는 공간으로 2개의 VIP룸에서는 두피 서비

특화 서비스

에어브러쉬 메이크업 생얼처럼 가벼운 화장으로 얼굴 라인을 살리면서도 감출 것은 제대로 감추고 강조할 부분은 눈에 띄게 연출하는 메이크업. 에어브러쉬는 엷은 화장을 하면서도 섬세한 표현이 가능해 고객의 만족도가 높다.

웨딩 메이크업 웨딩 촬영을 위한 무겁고 두꺼운 신부화장에서 벗어나 결혼식장에서도 우아한 신부의 매력을 자연스럽게 드러낼 수 있도록 웨딩 메이크업에도 에어브러쉬를 적용하고 있다.

변형 볼륨 매직펌 나비by헤어뉴스만의 노하우가 담긴 기법으로 생머리의 끝부분을 C컬과 S컬로 자연스럽게 연출하는 샤이닝펌과 자연스러운 웨이브를 원하는 고객에게 맞춘 클래식펌이 각광을 받고 있다.

스를 받을 수 있으며, 네일 테이블도 함께 세팅돼 있다. 3층은 메이크업실과 드레스 피팅룸으로, 지하는 직원 휴게실로 구성돼 있다.

이에 따라 별도의 인테리어보다는 기본 틀에서 고객이 편안하게 시술받을 수 있도록 의자를 교체하거나 깔끔한 이미지를 위한 도색 등 필요에 따라서 수정하고 있다.

나비by헤어뉴스는 헤어와 메이크업 특성에 맞춰 두 가지 방식으로 고객을 관리하고 있다. 우선 헤어의 경우 대부분의 고객이 디자이너를 찾아오고 있어 숍 자체의 고객 관리보다는 디자이너가 개별 고객을 관리하는 데에 지원을 아끼지 않고, 숍 이미지를 높이는 데 주력하고 있다.

메이크업의 경우 웨딩 컨설팅 업체와 연계돼 방문하는 사례가 많아 업체 관리에 신경을 쓰며, 신인 연예인과 함께 성장해 간다는 마음으로 가수와 연기자 등의 고객을 대하고 있다.

서용선 대표

나비by헤어뉴스의 대표로, 우송대와 호서대의 교수로, 한국메이크업협회 부회장으로 몸이 세 개라도 부족할 서용선 대표는 현재 서경대학교에서 박사 과정까지 밟고 있다.

부단하게 공부하고 발전하는 미용인 한국메이크업협회 부회장으로 봉사

서용선 대표는 "메이크업 아티스트를 비롯한 미용인은 기술이 뛰어난 것은 물론이고 최신 트렌드를 공부하고 테크닉이 녹슬지 않게 언제나 공부하는 자세가 필요하다"고 강조한다.

20여년간 메이크업을 해 온 서 대표는 이러한 의지를 직접 실천, 지난해 서경대학교 미용예술대학원에서 석사 학위를 취득한 데 이어 현재 박사 과정을 공부하고 있다.

더불어 한국메이크업협회의 부회장으로서 활발한 활동을 펼치고 있는 서 대표는 "한국메이크업협회의 창립 멤버로 협회에 많은 애정을 갖고 협회가 추진하는 사업에 힘을 보태고 있다"며 "메이크업 국가자격 분리에 노력을 기울여 메이크업인의 권익 신장에 동참할 것"이라고 밝혔다.

이어 "우수한 메이크업 전문가를 육성, 나비by헤어뉴스를 향후 프랜차이즈로 확대해 나가는 방안도 구상 중"이라고 밝혔다.

눈부신 하루를

'잘 차려진 코스요리' 같고 정이 넘치는 살롱

Manpower

원　　　장　장선숙
부 원 장　정연숙
디 자 이 너　박지혁, 김영진, 김소현

Info

- **영업시간**　오전 9시~오후 9시(설과 추석을 제외하고 연중무휴)
- **연 락 처**　02-313-4768
- **주　　　소**　서울 서대문구 천연동 48-1
- **찾아가기**　서울 서대문구 영천시장 뒤편에 위치
　　　　　　동명여중에서 석교감리교회 방향 우측 첫 번째 골목

서울 서대문구 영천시장 인근에서 33년간 숍을 운영해 온 장선숙 원장은 최근 리모델링을 마치고 '눈부신 하루를'로 상호를 변경했다. 그동안 '미다듬 헤어휠'로 운영, 전국에 장 원장의 제자들이 110여개의 체인 매장을 운영하고 있지만, 미다듬이라는 상호가 흔해져 새로운 이름으로 거듭났다.

'인심은 베풀되 서비스(무상 또는 할인)를 제공하지 않는다'는 장선숙 원장은 "문자 메시지나 생일, 기념일 이벤트 등을 해본 적이 없다"면서 "눈부신 하루를을 찾는 고객들은 가운도 찾아 입고 차도 직접 가져다 마시지만, 미용만큼은 최상의 서비스를 제공받는다"고 말한다. 장 원장은 고객들이 가격만큼의 가치를 느낄 수 있는 서비스를 제공해야 한다고 말한다. 또한 시장 상권에 위치했지만 프리미엄 살롱으로 그 가치를 아는 이들이 찾는 공간으로 인스턴트식 미용이 아닌 잘 차려진 코스요리를 대접한다는 마음을 갖고 시술, 퍼머 시술에 5시간이 소요된다.

고객에게 필요한 맞춤형 서비스 '입소문' 또한 장 원장은 어떠한 틀을 정해놓고 서비스를 제공하기보다는 고객에게 필요한 것을 맞춤 서비스로 제공한다. 퍼머를 하러 왔지만 흰 머리가 보이면 염색을 하고 헤어 상태에 맞춰 진단 후 시술해 준다.

이러한 시술을 받은 고객들의 입소문으로 지금은 전국에서 찾아오는 숍이 됐다. 지인의 머리를 보고 찾아와 3대, 4대가 이어 머리를 맡기는 경우도 많다.

눈부신 하루를은 또 정이 넘치는 공간이다. '내 마음을 보이니 손님의 마음이 잡힌다'고 말하는 장선숙 원장은 매일 점심, 숍을 찾은 손님들과 식사를 나눈다. 집에서 먹는 가정식이지만 일류 한정식집 못지않은 대접을 받은 손님들은 계절마다 음식이나 손수 만든 작품 등 선물을 전하며 정을 나누고 있다.

'친환경 · 휴식' 콘셉트 인테리어 돋보여 인테리어는 친환경과 휴식을 메인 콘셉트로 구성됐다. 최근 인테리어를 리모델링, 10개의 경대와 함께 지하

특화 서비스

두피 관리 및 스케일링용 제품을 구입하면 제품에 이름을 붙여 단독 사용해 서비스를 제공한다. 1회 1만원으로 두피 관리를 받을 수 있어 고객들이 자주 방문, 퍼머나 염색으로 이어지고 있다. 현재 500여명의 고객이 두피 관리를 받고 있다.

1층 전체를 카페 형태의 휴식 공간으로 구성했다. 장 원장은 "처음 나를 위해 리모델링을 시작했지만, 지금은 손님들이 더욱 만족하는 공간으로 거듭났다"고 말한다.

또한 위생에도 많은 신경을 쓴다. 화장실에는 1회용 종이타월 대신에 1급 호텔에서나 제공되는 수건을 매일 빨고 삶아 비치해두고 있다.

디자이너가 직접 모든 서비스 규모에 비해 경대는 적지만 휴게 공간을 충분히 확보, 한꺼번에 많은 고객을 관리할 수 있다. 실질적인 시술에 비해 약품 처리 및 대기 시간이 긴 헤어 시술의 특성상 편안한 자리에 앉아 대기하는 것이 고객 만족도가 높다는 것이다.

또한 적은 인원이지만 오랜 시간 호흡을 맞춘 직원들이 일사분란하게 움직여 많은 고객을 한꺼번에 시술할 수 있다. 장 원장은 "눈부신 하루를에는 별도의 스태프 없이 샴푸도 디자이너들이 직접 한다"며 "가족 같은 분위기에서 직원들이 몸 사리지 않고 시술에 집중할 수 있어 적은 인원으로도 충분하다"고 말한다.

"펌제 냄새가 향수보다 좋은" 장선숙 원장 특히 장 원장은 넘치는 에너지로 남들의 서너배의 시술을 한다. 교육에서도 남들이 2~3작품 연출할 때 8~9작품을 완성할 정도로 빠른 손놀림의 장 원장은 능동적으로 움직이는 것 자체가 교육이라고 말한다. 숍에서 고객에게

서비스를 제공하는 매 순간이 교육이고 대한미용사회중앙회 교육 무대에 함께 올라 그녀를 보조하는 것도 디자이너들에게는 살아 있는 교육이다. 또한 매월 넷째주 일요일 미다듬 헤어휠 체인을 대상으로 공개 세미나를 진행하고 있다.

이러한 교육 활동에 대해 장 원장은 "교육 스케줄로 보나 몸값으로 보나 대한미용사회중앙회 강사 1인자의 자리를 차지하고 있다"며 "17년째 대한미용사회중앙회 강사로 활동할 수 있는 원동력은 바로 넘치는 에너지"라고 이야기한다.

10명, 100명, 1000명의 교육생을 웃게 만들고 숍을 찾은 고객이 아까워하지 않고 돈을 지불한다면 안팎으로 성공한 미용인이라는 장선숙 원장은 "즐기고, 도를 닦고, 미쳐서 숍에 손님이 없어도 좋고, 펌제 냄새가 향수보다 좋을 정도에 이르렀

다"며 "미용은 가정과 병행하고 내 리듬에 맞춰 조절할 수 있는 일로 딱 10년만 투자하면 몸에 배어 성과를 낼 수 있을 것"이라고 당부했다.

▶장선숙 원장은 "스타일의 변화로 찌들고 화나고 스트레스 받은 사람의 마음을 움직일 수 있다"며 "미용이란 내가 한 만큼 나에게 그 마음이 돌아오는 일"이라고 말한다.

닥터모생모 한독화장품의 두피·탈모관리센터 명동 1호점

9개월의 변화 ··· 고객에 자신감 불어넣어

Manpower

기 획 실 장 민경태
상 담 실 장 임상택
관 리 실 장 황지은, 김귀성

Info

- 영업시간 오전 10시~오후 8시,
  토요일 오전 10시~오후 5시(일요일 휴무)
- 연 락 처 02-318-7724
- 주　　소 서울시 중구 회현동1가 남산롯데캐슬아이리스 317호
- 홈페이지 www.drmsmshop.com
- 찾아가기 서울시 중구 우리은행 본점 옆 건물

20 12년 7월 명동에 1호점을 오픈한 '닥터모생모'는 한독화장품의 연구 결과로 탄생한 발효 한방 제품인 '모생모'를 이용해 차별화된 두피 및 탈모 관리를 받을 수 있는 두피관리센터다.

서울대 의대 정명희 교수팀과 공동 개발 '모생모' 사용 한독화장품에서 야심차게 내놓은 모생모 샴푸와 토닉은 박효석 회장의 20년간의 연구와 노하우가 집약된 제품이다.

모발 분야에 꾸준한 관심을 보인 박효석 회장은 한방 성분을 연구하고 수천 명의 임상실험을 통해 닥터모생모 샴푸와 토닉을 개발하고, 직접 두피 관리 사업에 뛰어들어 닥터모생모를 오픈했다.

한독화장품 생명공학연구소와 서울대학교 의과대학 약물학교실 정명희 교수팀이 공동 개발한 모생모 샴푸와 토닉은 자연 한방 성분으로 부작용을 최소화했으며 두피에 영양분을 공급해 탈모 주범인 DHT 생성인자를 95% 이상 억제해 탈모 방지 및 양모 효과를 제공하는 발효 한방 제품이다.

닥터모생모는 탈모, 비듬, 염증, 지루성 두피와 같은 문제성 두피와 기본적인 원형탈모, M자 탈모가 진행 중인 사람뿐만 아니라 탈모가 의심되거나 이미 모발 이식을 한 사람 등 건강한 두피 및 모발을 원하는 모든 고객들이 이용할 수 있다.

닥터모생모의 차별화전략은 9개월 동안 변화를 직접 고객이 느끼고 판단하도록 관리 부위를 촬영해 확인시켜 주면서 고객들에게 신뢰와 눈에 띄는 확연한 변화로 자신감을 불어넣어 주는 시스템을 세계 최초로 선보인다.

심층 상담 통해 적합한 코스별 관리 두피 전문 관리사들이 두피 상태, 식생활, 생활패턴 등 다각도의 상담을 통해 적합한 코스별 관리를 진행한다. 또 모생모 제품을 이용해 두피관리센터에서 전문적인 관리를 저렴한 가격대로 받을 수 있으며 집에서도 관리가 가능하다.

닥터모생모는 한 번 관리를 받은 고객들이 만족스런 결과로 고정 고객이 되며 입소문이 퍼져 주목받고 있다. 또 100% 예약제로 운영해 개인별 집중 관리가 가능하다.

닥터모생모의 두피관리 프로그램은 리페어 코스, 뉴트리션 코스, 인텐시브 코스 등으로 구성됐다. 리페어 코스는 두피의 이물질을 제거해 두피의 청결함과 모발 건강을 유지할 수 있도록 도와주고 탈모를 예방해 준다.

뉴트리션 코스는 두피 타입별로 미래에 발생할 문제를 예측하고 현재의 상태를 유지 및 개선하며 고농축 영양 제품으로 모근부의 강화 및 굵고 건강한 모발 생성에 목적을 둔다.

인텐시브 코스는 고농축 영양의 장기적 투입으로 모근의 활성을 가져와 모발의 성장기를 높여 정상주기로 변화시켜 주면서 관리 후의 홈케어만으로도 개선된 상

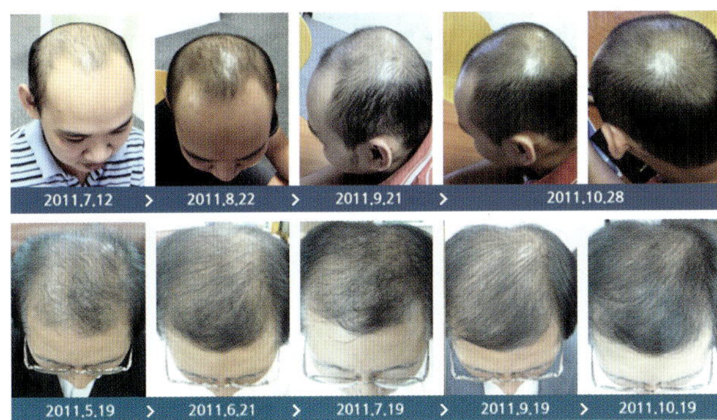

▲닥터모생모는 매월 변화된 모습을 촬영해 보여주는 차별화된 시스템으로 객관성을 높였다.

태를 유지시켜 준다.

신논현 2호점 오픈 … 해외 진출 계획 민경태 실장은 "닥터모생모는 일반화된 전, 후의 단면적 사진이 아닌 치료 시점부터 매달 동일 인물이 같은 위치, 조명, 각도에서 단계적으로 촬영한 입증된 월별 경과 사진 자료로 객관성을 높였다. 이는 세계 최초이며 효능에 대한 자신감이 있는 업체만 제공할 수 있는 자료"라고 말했다.

민 실장은 "9월 중 신논현역 사거리에 신논현 2호점을 오픈하고 지점 수를 늘려갈 방침이다. 국내를 기반으로 내년에는 미국, 중국, 일본 등 해외 진출을 목표로 하고 있다"고 밝혔다. 또한 "향후 교육센터를 운영해 미용인 등을 대상으로 모생모 제품에 대한 교육 및 가맹사업 등에 주력할 계획"이라고 설명했다.

모생모 샴푸 · 토닉

미국 FDA에 OTC 등록 · 식약청 의약외품 허가 획득

한독화장품의 20년간 연구와 노하우가 집약된 모생모는 2011년 미국 FDA에서 OTC 등록, 2012년 식약청에 의한 탈모 방지 및 양모 의약외품으로 허가돼 효과, 효능을 검증 받은 제품이다.

모생모 샴푸

pH 5.5 약산성 샴푸 … 모발 수분유지력 상승

모생모 샴푸는 모발과 두피를 청결하게 관리해줘 윤기 있고 건강한 모발을 유지할 수 있게 도와준다. 멘톨 성분을 함유해 두피에 청량감을 주고 답답한 두피를 개운하게 해준다. 특히 pH 5.5 약산성 샴푸로 모발의 수분 유지력을 상승시켜주고 pH 밸런스에 도움을 준다.

당귀 추출물과 천궁 추출물을 함유해 두피의 혈행을 좋게 해주며 혈액 순환에 도움을 준다. 또 클림바졸 함유로 비듬균 증식을 억제시키고 시트릭애씨드를 함유해 피부 각질을 부드럽게 제거해주며 pH 밸런스를 유지시켜 준다. 모생모 토닉의 원활한 영양 공급을 위한 최적의 상태로 만들어 주는 샴푸다.

모생모 토닉

발효 한방성분 함유 … 탈모방지 · 양모효과

모생모 토닉은 DHT 생성을 95% 이상 억제하고 발효된 한방 성분으로 모발 성장을 촉진하고 모근을 강화시켜 탈모 방지 및 양모 효과를 주는 발효 한방 토닉이다.

모생모 토닉은 자연한방성분을 발효시킨 자연친화 제품으로 효능은 높이고 부작용은 줄였다. 감초, 천궁, 도인, 당귀, 단삼, 인삼, 산초, 홍화 등 한방에서 모발의 성장이나 영양 공급에 효과가 있다고 알려진 생약 성분을 발효, 정제, 추출해 모발에 영양 공급과 발육의 중요한 역할을 담당하는 모구에 직간접적으로 작용해 두피의 혈액 순환을 촉진시켜 준다.

모기질세포의 세포분열을 유도시켜 모근을 되살리는 작용을 반복함으로써 탈모를 방지하고 모발의 성장을 유도하는 작용을 한다. 퇴화되거나 비어 있는 모낭에서 점진적으로 모근 형성을 유도해 새로운 모발이 성장할 수 있도록 두피의 환경을 조성해 주는 천연 한방 재료를 발효시킨 국소도포제다.

스프레이형 제품은 머리카락에 분사되는 양보다 공기 중으로 증발되는 양이 많아 두피에 스며드는 확률이 낮고 빨리 소모된다. 모생모 토닉은 이런 단점을 고려해 두피에 눌러 쓰는 형태로 고안, 내용물이 직접 두피에 전달돼 효과는 높이고 오래 사용할 수 있다.

데뷰헤어

고객 맞춤형 메뉴 제안 ⋯ 고정고객 50% 상회

Manpower

원　　　장	전재만
점　　　장	양다경
디 자 이 너	유끼, 송여린, 박명숙, 김지우, 김현숙, 조아진, 나예, 신디

Info

- **영업시간** 오전 10시~오후 9시30분(매주 수요일 휴무)
- **연 락 처** 02-3272-8315, 02-704-2333
- **주　　소** 서울시 용산구 청파동 2가 76-2
- **찾아가기** 서울 지하철 4호선 숙대입구역 8, 9번 출구로 나와 굴다리
  지나 청파치안센터 앞에서 길건너 우측 골목 따라 150m
  올라가면 우측에 위치

숙명여대 인근에 위치해 있는 데뷰헤어는 여대생들을 대상으로 하는 트렌디한 숍보다는 프리미엄 살롱을 추구하고 있다. 이에 따라 고객층도 학생들보다는 숙명여대를 졸업한 후 꾸준히 찾아오는 고객이나 멀지않은 한남동과 이촌동의 20대 후반~40대의 고객층이 주를 이룬다.

가격정찰제 시행 ⋯ 안정적 운영 주변 숍들이 대학생을 타깃으로 가격 할인 프로모션이나 다양한 제휴 서비스를 제공하는 데 반해 데뷰헤어는 신용카드 할인 등을 전혀 진행하지 않는다.

양다경 점장은 "데뷰헤어는 지난해 5년 만에 시술 가격을 올리며 가격정찰제로 안정적인 운영을 하고 있다"며 "주변 숍들이 할인 프로모션을 진행하며 가격이 들쑥날쑥한 것에 반해 가격 변동 없는 것 또한 고객들의 신뢰를 얻게 된 이유"라고 설명했다. 이러한 신뢰 덕분에 데뷰헤어는 고정고객이 50% 이상에 달한다. 이에 따라 불경기나 외부 영향에 의한 매출 급감 등이 발생하지 않아 안정적인 영업이 가능하다.

데뷰헤어는 고객 관리 프로그램을 이용해 고객의 등급을 나누고 그동안 고객들이 받아온 시술을 분석해 고객 맞춤 프로모션을 진행한다. 매달 새치커버 염색을 하는 고객에게는 클리닉 케어를 세트로 구성, 펌을 자

▲2012년 7월 열린 HCF의 작품발표회에서 작품을 시연하고 있다.

주하는 고객에게는 케어 서비스를 넣어 메뉴를 개발하는 등 전후 처리가 가능한 형태로 프로그램을 구성하고 있다.

"최고 살롱 근무" 자부심 강한 장기근속 직원 많아
현재 데뷔헤어에 근무하고 있는 직원들의 대다수는 데뷔헤어에서 스태프부터 시작해 승급한 이들로 최대 20년, 대체로 7~8년 이상 근무한 가족들이다. 이처럼 이직률이 낮은 것은 전재만 원장의 우수한 기술을 바탕으로 하는 교육 프로그램과 최고 살롱에서 근무한다는 자부심 덕분이다.

매 시즌에 맞춰 전재만 원장이 직접 트렌드별 교육을 진행하는 것은 물론 주니어(스태프)들은 레벨별 교육을 매주 진행한다. 또한 부족한 부분에 대해서는 디자이너와 1:1 맞춤 교육을 진행하기 때문에 무엇보다도 기술을 배우고 싶어하는 욕구를 채워줄 수 있는 것이다.

모바일 메신저 통해 스타일 스터디 이와 함께 데뷔헤어만의 특별한 교육은 모바일 메신저를 통해 진행된다. 모바일 메신저에 채팅방을 개설, 매일 스타일을 올리면 이에 대해 다른 직원들은 코멘트나 제안, 혹은 연출법에 대한 기술적인 분석을 공유하며 매일 스터디를 진행하는 것이다.

기술이 재산인 미용업계에서 자신의 노하우를 공개하는 것은 쉽지 않은 일이지만, 오랫동안 함께했고 또 오랜 시간 함께할 가족이라는 생각에 서로 의견을 제시하고 교류하면서 더욱 결속력을 다지고 있다.

양다경 점장은 "이러한 모바일 메신저를 통한 스터디는 궁극적으로 고객과의 소통을 위한 것"이라며 "직원들 간의 소통을 통해 고객과의 소통 방안을 찾음과 동시에 교육 효과도 누릴 수 있다"고 설명했다.

데뷔헤어의 경쟁력

커트 디자인 커트를 기본으로 두피 스케일링을 병행하고 있다. 남성의 경우 옆머리 다운펌을 통해 커트의 완성도를 높인다.
펌 모발 손상도를 먼저 진단하고 이에 따라 케어 프로그램을 적용한다. 머릿결이 잘 관리돼야 스타일도 잘 나오고 고객의 만족을 높일 수 있다.
컬러 모발 손상을 예방하고 싶을 때는 아베다, 새치 커버에는 웰라, 생생한 컬러감을 원할 때는 로레알을 사용하는 등 다양한 제품을 구비, 고객이 원하는 컬러 및 스타일에 맞춰 염모제를 적용한다.

전재만 원장 ●

대한미용사회 용산구지회장과 기술강사를 맡고 있는 전재만 원장은 40여년의 미용인생에서 사람을 대하는 것이 가장 어려운 일이었다고 이야기한다.

전 원장은 "고객을 대하는 것 이전에 직원들을 관리하는 것이 어려웠다"며 "직원들을 내 자식처럼 사랑으로 대하는 자세가 필요하다"고 말한다. 이어 "주변에 믿고 일을 함께 할 수 있는 인재를 키워야 오랜 시간 미용일을 즐겁게 할 수 있다"고 강조한다.

현재 숙명여대 앞에서 전재만컷파이브와 데뷔헤어, 그리고 영등포 타임스퀘어에 아베다 콘셉트 살롱인 보 헤어 등 3개의 매장을 운영하고 있는 전 원장은 이렇게 여러 매장을 꾸려나갈 수 있었던 것도 바로 전문 분야에서 그를 도와주는 조력자들이 있었기 때문에 가능했다고 말한다.

미용인, 애정·배려 갖고 고객 대해야
믿을 만한 조력자들 덕에 미용 즐거워

또한 미용인은 사명감을 가져야 한다고 덧붙였다. 머리카락을 만지는 것 역시 남의 신체를 다루는 일이기에 사명감을 갖고 배려와 애정을 더해 세심하게 시술해야 한다는 것이다.

전 원장은 "40년간 미용일을 해 오면서 이제 새로운 직원들을 일주일만 보면 얼마나 오래 미용일을 할지 눈에 보인다"며 "미용은 단순히 기술만으로 되는 것이 아니라 자세와 열의가 있어야 한다"고 강조했다.

류시자 뷰티온헤어

다양한 스타일 가능한 기술 · 진심어린 시술 '인기'

Manpower •

원　　장 류시자
디 자 이 너 시아, 태진, 새록
매 니 저 정훈

Info •

- **영업시간** 오전 9시30분~오후 9시
- **연 락 처** 02-796-4306
- **주　　소** 서울시 용산구 한남동 634-14
- **찾아가기** 서울 용산구 한남오거리 커핀그루나루 옆

류시자 원장이 서울 용산구 한남동에서 35년째 운영하고 있는 류시자 뷰티온헤어는 '느낌을 만드는 사람들'을 콘셉트로 내세운 한남동 일대의 터줏대감으로 유명하다.

류시자 뷰티온헤어는 입소문을 듣고 찾아오는 다양한 연령대의 남녀노소 고객이 많다. 한남동은 이태원 및 용산 미군기지와 밀접한 지역 특성상 다국적 고객층을 형성하고 있다. 특히 외국인들은 헤어스타일이나 트렌드에 민감한데, 류시자 뷰티온헤어를 한 번 방문하면 만족도가 높아 단골이 된다고 한다.

'느낌을 만드는 사람들' 콘셉트 … 만족도 높아

류시자 뷰티온헤어는 예약제를 바탕으로 아침부터 저녁까지 풀가동해 언제나 고객을 맞을 준비를 하고 있다.

류시자 뷰티온헤어는 깨끗하고 편안한 인테리어로

고객이 부담 없이 찾을 수 있도록 했다. 고객 방문 및 시술 내역은 차트를 작성해 관리하고 있다.

또한 하루가 다르게 급변하고 있는 미용업계에서 뒤처지지 않기 위해 전 직원이 기본 기술은 유지하면서 신정보와 트렌드를 빠르게 습득해 고객들에게 적용하고 있다.

특히 진심을 다해 정직하게 시술하는 것이 류시자 뷰티온헤어의 방침이다.

류시자 뷰티온헤어는 노세일 정책으로 손님들이 미용실을 믿고 따라오게 만든다. 시술 가격대가 고가가 아니기 때문에 추가로 가격을 할인하지 않는 대신 시술의 질을 높여 서비스로 보답한다는 원칙을 고집하고 있다.

"모든 시술을 작품화시키라" 강조 디자이너 교육시스템은 원장이 직접 교육하고, 외부 교육을 병행해 디자이너의 기술을 끌어올리는 것에 중점을 둔다. 특히 단순한 기술 교육만이 아닌 미용인으로서 꿈과 목적을 세우고 주인의식을 갖도록 도와준다.

류시자 원장은 디자이너들에게 '모든 시술을 작품화시키라'고 강조한다. 류시자 원장은 "기술은 작품용과 상업용 헤어스타일 등으로 구분할 수 있는데, 작품용도 상업화시킬 수 있다. 그동안 미용대회 출전 및 심사위원으로 활동하다보니 작품용을 상업화할 수 있는 기술을 터득하게 됐다"고 설명했다.

류시자 뷰티온헤어의 경쟁력

드라이 다양한 드라이, 드라이 커트 등의 테크닉은 세계 최고라고 자부한다.

커트 '커트는 가위를 든 손이 아닌 자 역할을 하는 왼손이 하는 것'이라는 철학으로 다양한 각도와 머리 길이를 기술적으로 다뤄 완벽한 커트를 선보인다.

펌 셋팅 펌, 열 펌, 볼륨 매직 등 다양한 스타일의 펌을 제공한다.

컬러 트렌드와 고객에게 어울리는 색상으로 시술하고, 최근에는 파스텔 색상이나 핑크빛이 도는 브라운 색상 시술에 특화됐다.

두피·모발관리 무코타, 하야시 등의 제품을 이용해 두피 및 모발 클리닉을 진행한다.

이처럼 류시자 뷰티온헤어는 다양한 스타일 시술이 가능하며 이를 고객에게 적용할 수 있는 기술력을 가진 것이 강점이다.

류시자 원장

풍산 류씨 가문에 대한 긍지가 높은 류시자 원장은 뛰어난 기술력을 바탕으로 35년째 쉬지 않고 달려 온 미용인이다.

집안의 반대를 무릅쓰고 시작한 미용을 하면서 류 원장은 미용계에서 살아남으려면 다

미용인 수명은 고객의 방문 횟수에 비례 기술은 세일 않는다 … 노세일 정책 고수

버려야 한다는 것을 깨닫고 모든 사람을 차별 없이 겸손하게 대하는 법을 배웠다고 말한다.

그는 조바심을 갖고 미용실을 운영하기보다 취미 생활로 하고 있는 점을 장수의 비결로 꼽았다. 특히 신앙생활을 통한 말씀의 뿌리 덕분에 지금은 모든 것에 감사하다고 말했다.

류시자 원장은 "국내 고객을 비롯해 해외로 이민을 가서도 한국을 찾을 때면 꼭 찾아주는 단골 고객은 '나의 적금을 채워주는 사람들'이다. 일 년에 한 번 오는 고객, 한 달에 한 번 오는 고객, 하루에 한 번 방문하는 고객 모두가 나의 단골 고객"이라고 말했다.

또 "미용인의 수명은 고객의 방문 횟수와 비례한다. 고객이 오랫동안 미용사를 찾고 신뢰해야 한다. 나는 기술을 바탕으로 모든 손님을 동일하게 응대한다"고 덧붙였다.

류 원장은 직원 교육 철학도 남다르다. 무엇이든지 강요하기보다는 자발적으로 할 수 있도록 유도한다. 디자이너들은 모든 면에서 자세가 중요하기 때문에 본인이 노력하지 않으면 주연이 되지 못 한다고 말한다. 손님을 대하는 자세, 시간을 조절할 수 있는 프로 근성이 뒷받침돼야 하고, 기술에 대해서는 당당하지만 고객에게는 겸손한 자세로 임해야 한다고 강조한다.

특히 고객에게 하는 모든 시술을 작품화시키라는 주문을 하고 고객이 앉는 의자를 빌렸다고 생각하고 자신이 경영을 하라고 교육한다. 또 직원들 간에 현재의 자리에서 라이벌로 생각하지 말고 밖에서 라이벌을 찾아 배우라고 조언한다. 그래야 자신과 미용실이 발전한다는 것. 더불어 자신을 주인공으로 끌어올려라, 매너를 도시형으로 하라, 일주일에 한 번씩 연구한 시술 테크닉을 바탕으로 고객에게 최선을 다해 시술하라고 강조한다.

그는 기술을 가진 자는 장사꾼이 되면 안 된다고 말하며 노세일 경영 방침으로 한 번도 시술 할인을 해 본 적이 없다고 했다. 저렴한 것만 찾는 고객들은 다른 미용실이 할인을 하면 그 곳으로 이동하기 때문에 단골이 될 수 없다고 말한다.

류 원장은 대한미용사회중앙회 기술강사, 특별고전머리위원회 임원, 용산구지회장을 역임하고 현재 기술위원으로 활동하며 미용인의 한계를 극복하고 있다고 설명했다.

그는 "앞으로는 나 혼자만의 삶보다는 남을 배려하면서 함께 살고 싶다"며 "지금까지 미용을 쉬어본 적이 없듯이 미용실을 이어나갈 것"이라고 밝혔다.

리안헤어 외대점

고객우선주의·지속적 변화 통해 고객신뢰 받아

Manpower

원　　장	박정자
실　　장	도진

Info

- **영업시간** 오전 10시~오후 9시
- **연 락 처** 02-965-6675
- **주　　소** 서울 동대문구 이문동 288-12 3층
- **홈페이지** blog.naver.com/6675riahn
- **찾아가기** 한국외대 정문 건너편

리안헤어 외대점은 한국외대 정문과 경희대 후문 앞에 위치해 한국외대, 경희대, 한국예술종합학교 등 인근 대학에서 많은 학생들이 모이는 젊은 상권이다.

상권 특성상 리안헤어 외대점은 20~30대가 주고객층을 이루고 있어 다양한 온라인과 모바일 마케팅을 펼치고 있다. 블로그를 통해 최신 유행 헤어스타일을 소개하는 것은 물론, 고객들의 실제 시술 사진을 게재해 다양한 스타일을 제안한다.

SNS 마케팅, 큰 효과 거둬 6월부터 월 단위 프로모션을 시작해 8월 중순부터 9월까지는 염색과 클리닉을 묶은 프로그램을 운영하고 있다. 여기에 페이스북, 미투데이, 카카오톡을 통해 예약을 받고 있으며, 트위터를 통해 파격적인 이벤트를 진행해 고객들의 방문을 유도하고 있다.

더불어 최근에는 온라인과 모바일을 통해 40~60대의 높은 연령층의 고객 유입도 늘고 있다. 박정자 원장은 "최근에는 스마트폰의 대중화로 젊은 층뿐만 아니라 40대 이상에서도 모바일 마케팅이 활성화됐다"며 "이를 통해 최근에는 높은 연령대의 고객이 용산과 파주 등에서 찾아오기도 한다"고 설명했다.

하지만 장거리 고객은 단골고객이 되기 어렵기 때문에 리안헤어 외대점은 별도로 VIP를 관리하고 있다. VIP의 경우 할인은 물론 추가 시술의 경우 실비만을 받거나 클리닉을 통해 머릿결을 건강하게 관리, 언제나 자신이 VIP라는 느낌을 가질 수 있도록 하는 것이다.

특히 단골고객은 매출 규모에서 일반 고객과 달라 실비만으로 시술해도 오히려 비용이 절감되는 효과를 낼 수 있어 다양한 케어 서비스를 통해 고객이 숍에 자주 방문할 수 있도록 유도하고 있다.

박정자 원장은 무엇이든 고객 중심으로 바꿔 생각해 볼 것을 직원들에게 강조한다. 박 원장은 "고객에게 '여기 앉으세요'라는 명령형보다는 '여기 앉으시겠어요?'라고 청유형으로 말하는 습관부터 들여 '고객 우선주의'를 실천하고 있다고 강조한다.

디자이너 복리후생 · 교육 수준 높아 리안헤어 외대점은 직원들의 복리후생에도 많은 관심을 갖고 있다. 디자이너가 한 매장에 오래 있고 안정될수록 매출도 증대될 수 있기 때문에 문화생활이나 해외여행, 연수 등 동기 부여를 통해 이직률을 낮추고 매출이 증대될 수 있도록 트레이닝에 심혈을 기울이고 있다.

리안헤어 외대점의 교육은 박 원장 자신의 공부에서 시작된다. 안주하면 나태해진다는 박 원장은 수십 번 들어 다 알고 있는 내용이지만 시대 흐름을 반영하기 위해 한 번 더 공부한다는 것이다.

교육은 자체 교육과 본사 교육, 본사 초청 교육으로 진행된다. 자체 교육의 경우 원장과 실장이 교육 프로그램을 구

성해 월 2회 진행되며, 원하는 이들에게는 파견 교육을 주 1회 실시하고 있다.

박 원장은 "IMF 때에도 위기를 기회로 생각하고 최선의 서비스로 지금 이 자리를 만들었다"며 "경쟁자가 옆에 있다고 생각하며 안주하지 말고 꾸준히 노력해 지속적인 변화를 꾀해야 한다"고 강조했다.

리안헤어 외대점의 경쟁력

펌 세팅펌을 디지털로 시술해 굵고 탄력 있는 웨이브가 만들어진다. 또한 매직, 세팅 등의 열펌 시에도 머릿결이 손상되지 않는 것이 특징이다.

컬러 로레알, 밀본, 와칸 등 천연 염모제를 사용해 모발 손상을 최소화하면서도 원하는 컬러를 구현하는 데 집중하고 있다.

특수 시술 염색이나 펌 등으로 타거나 녹은 머리를 복구하는 케라틴 케어시스템은 모발 재생은 물론 모발이 손상되지 않도록 관리해준다. 또한 블루블랙 컬러 등 재염색이 불가능한 염색 모발도 복구가 가능한 특수 시술로 입소문이 나 있다.

박정자 원장 ●

리안(주) 미창조의 론칭부터 함께해 12년째 리안헤어 외대점을 운영하고 있는 박정자 원장은 리안헤어는 디자이너의 이름을 건 여타 프랜차이즈와 달리 전문 경영인 출신의 대표가 이끈다는 점이 박정자

각종 대회 입상 … 뛰어난 미용기술 '정평' 강의 통해 '미용인의 경영능력 함양' 강조

원장의 마음을 끌었다고 이야기한다.

박정자 원장은 "생산성본부에서 미용기업경영 1기 과정을 수료하며 미용과 경영의 결합에 관심을 둔 이들이 주주로 나서 리안헤어가 출범했다"며 "특히 대표가 경영자의 마인드를 지녔다는 점에서 타 프랜차이즈와 차별화된다"고 설명했다.

"현재 외대점에 6명의 디자이너가 근무하고 있는데, 디자이너가 10명으로 라인업이 완성되면 새로운 매장을 열 계획"이라며 "새로운 매장 역시 리안헤어로 오픈할 것"이라고 리안헤어에 대한 무한한 신뢰를

보였다.

박 원장은 경희대 경영학과를 졸업, 생산성본부 미용기업경영 과정을 수료했다.

서경대학교와 전남대학교 최고경영자과정에 출강하며 미용인의 경영 능력 함양을 강조하는 박 원장은 경영에 앞서 이미 미용 기술로도 정평이 난 인물이다.

1996년 뉴욕 I.B.S 한국대표 선발대회에서 컨슈머 1위를 차지한 박 원장은 뉴욕 I.B.S에서도 헤어바이나이트 1위를 비롯해 야마노 아이꼬상, 프로그래쉬브 장려상을 수상한 실력자로 현재 대한미용사회중앙회 기술강사를 맡고 있는 것을 비롯해 다양한 강사직을 역임했다.

박정자 원장은 "무엇보다도 모발 손상을 최소화하는 것을 기본으로 시술한다"며 "시술 시간이 길어질수록 모발도 손상되기 때문에 단시간에 시술하는 것이 중요하다"고 말한다.

이어 "미용 시술은 요리와 같다. 신선하고 좋은 재료에 손맛이 더해지면 최상의 요리가 탄생하듯 좋은 제품을 쓰고 디자이너의 솜씨가 더해지면 최상의 스타일을 완성할 수 있다"고 강조했다.

마샤뷰티샵

인·터·뷰 홍옥란 원장

국내외 대회서 쌓은 기술 · 감각 녹아든 실력 탁월

홍옥란 원장은 획기적인 스타일을 제시하는 서비스로 재방문이 많기 때문이라고 설명한다.

실력 뒷받침된 과감한 스타일 연출 '강점' 홍 원장의 시술 특징은 한마디로 '과감함'이다. 예를 들면, 30대에게나 어울릴 것 같은 드라마 속 여주인공의 헤어스타일을 50대에게 시술하는 것이다. 이는 유행 스타일이라고 해서 단순히 그대로 따라하는 것이 아니라 해외 트렌드 등을 접목해 개개인에 맞게 연출할 수 있는 감각을 지녔기에 가능한 일이다.

또한 염색을 할 때는 차트에 있는 컬러를 선택하는 것이 아니라 조색을 통해 고객에게 딱 맞는 컬러를 제공한다.

홍 원장은 자신의 이러한 과감함이 과거 꾸준히 참여한 작품 활동에서 나왔다고 이야기한다. 국내 헤어 경진대회는 물론 1980년대 말부터 1990년대 초까지 각종 국제대회에 출전하며 익혔던 다양한 기술과 보고 느낀 것들이 실제 고객을 응대할 때 유용하게 쓰인다는 것.

각종 대회 참가 · 작품 활동 통해 노하우 쌓아 홍 원장은 "작품 활동이라는 것이 비용은 물론 시간도 많이 소모되고 힘든 일임에는 틀림없지만, 그 경험이 고스란히 자신의 노하우가 되는 것이기 때문에 전문 미용인으로서 경험해 볼 만한 일"이라고 강조한다.

홍 원장은 국제대회 참가를 통해 자신의 기술을 갈고 닦은 것은 물론 국내 미용기술의 업그레이드를 위해서도 힘써 왔다.

홍 원장은 "우리나라에서는 미용실을 운영하면 '마

마샤 뷰티샵은 서울 지하철 2호선 강남역 12번 출구 부근에 위치, 직장인을 중심으로 남성이 전체 고객의 20% 가량을 차지한다.

4명의 디자이너가 근무하고 있으며, 헤어 서비스 외에 면접이나 승무원, 신랑 신부 어머니 메이크업 등의 서비스도 제공하고, 미스코리아 지정 미용실로 잘 알려져 있다.

특히 유동인구가 많은 강남역 상권에 있음에도 불구하고 단골손님이 약 50%를 차지하고 있다. 이에 대해

미용인생 40년 넘어도
학업 통해 아직 열정 간직

미용인도 손님도 만족해야
"기본부터 갖춰야" 조언

▲홍옥란 원장은 꾸준히 각종 국내외 대회에 출전하며 축적한 기술과 감각을 바탕으로 개개인에 맞는 스타일을 연출해 호평을 받고 있다.(사진은 1990년 뉴욕 IBS파견 선수 선발대회)

담'이라고 불리던 시절인 1990년대 초 미국에 대회 출전 차 갔을 때 그곳 미용사의 위상을 보고 깜짝 놀랐다. 게다가 다양한 제품과 새로운 기술을 보면서 또 한 번 놀랐다"고 회고한다.

이렇듯 국제대회 출전을 위해 해외를 다니며 새로운 기술과 제품을 접한 홍 원장은 흑인들의 곱슬머리를 펴기 위해 만들어진 스트레이트 제품을 가져와 한국인의 모발에 맞게 개발하기 위해 많은 노력을 기울였다. 이와 함께 매직기기도 연구해 그리에이트를 통해 제품화에 성공했다.

직원 교육 최우선 … 대학 강단서 후진 양성도

홍 원장은 직원들의 교육에도 힘을 기울이고 있다. 스태프부터 디자이너까지 직급에 맞춰 매주 직원 교육을 진행하는 것은 물론 1년 이상 근무한 직원에 대해서는 외부 교육을 받을 수 있도록 지원하고 있다.

동주대, 김천과학대, 동원대, 창원대 등에서 오래 강의한 경험을 가진 홍 원장이 직접 교육할 수도 있지만 내부에서만 교육이 이뤄지다보면 직원들이 자칫 잔소리로 치부할 수도 있을 뿐 아니라 외부에서 새로운 사람들을 만나 새로운 시각을 느끼는 것도 공부라고 믿기 때문이다.

40년 이상 미용을 해오고 있으면서도 지치지도 지루하지도 않은 이유를 홍 원장은 틈틈이 이어온 학업 때문이라고 말한다.

뷰티 살롱 경영컨설팅 준비

홍 원장은 학생들을 가르치던 것을 마무리하고 이제는 새로운 사업을 준비하고 있다. 자신의 살롱 경영 노하우를 담아 경영 컨설팅 사업을 준비하고 있는 것.

홍 원장의 축적된 미용 경험에 경영학을 공부한 둘째 아들의 지식을 더해 미용실과 피부관리실에 경영 전문가를 파견, 경영시스템을 구축하는 사업이다.

마지막으로 홍 원장은 젊은 미용인들에게 무엇보다도 기본을 갖춰야 한다고 조언했다. 숍을 운영하려면 청소 같은 밑바닥부터 시작해 머리카락도 많이 만져보고 나서 경영자에 올라야 한다는 것이 그녀의 지론.

홍 원장은 "최근 젊은 사람들은 똑똑하지만 기본을 등한시하는 경우가 많다. 그저 위에서 내려다보면 사소한 것들을 놓치기 쉽다. 하지만 청소부터 시작해 차근차근 단계를 밟으면 숍의 구석구석, 물품 하나하나까지 챙길 수 있게 된다. 이렇게 되면 제품 하나도 허투루 쓰지 않게 된다"고 기본을 강조한다.

이어 "나도 만족하고 손님도 만족할 수 있을 때 비로소 미용계가 발전할 수 있다"며 "머리카락은 수분이 충분하면 여름의 생기 넘치는 나무와도 같고, 수분이 메마르면 바스러지는 겨울의 나뭇잎과도 같다"며 머리카락을 살아 있는 식물로 생각하고 시술하는 자세가 필요하다고 강조했다.

홍옥란 원장 ●

• 1988	제2회 한국 ICD 알렉산더배 쟁탈 미용경연대회 살롱 퍼머넌트 스타일 2위
• 1990	뉴욕 IBS 파견 한국선수 선발대회 자유형 컷 스타일 은상, LA 비달 사순 커트 연수, 뉴욕 IBS대회 국가대표
• 1992	도쿄 드레싱 월드 챔피언십 국가대표
• 1994	영국 월드 헤어드레싱 챔피언십 국가대표
• 1995~1996	동주대학교 외래교수
• 1998~2000	김천과학대 외래교수
• 1999~2011	동원대학교 외래교수
• 2000	한국 직능단체총연합회 2000년 신지식인 선정
• 1992~현재	대한미용사회중앙회 미용기술 위원회 4기 기술 강사
• 현재	마샤뷰티샵 경영

Info ●

- **영업시간** 오전 10시~오후 9시
- **연 락 처** 02-569-3309, 02-561-8826
- **주   소** 강남구 역삼1동 822 명선빌딩 2층
- **홈페이지** www.viewt.co.kr

박준뷰티랩 잠실롯데캐슬점

'차별화된 기술 · 고품격 서비스' 고객 호평

Manpower

대　　　표　조환
실　　　장　정현
디 자 이 너　오소라, 김세희, 선우, 조성아

Info

- **영업시간**　오전 10시~오후 9시30분
- **연 락 처**　02-2146-2420
- **주　　소**　서울시 송파구 신천동 7-18 잠실롯데캐슬프라자 206호
- **찾아가기**　서울 지하철 2호선 7번 출구에 위치한 잠실롯데캐슬프라자 206호

올해로 오픈 7년째를 맞은 박준뷰티랩 잠실롯데캐슬점은 차별화된 고객 서비스와 교육시스템으로 승승장구하고 있다.

박준뷰티랩 잠실롯데캐슬점은 '퓨전 클래식'을 콘셉트로 화이트와 블랙을 사용해 밝고 넓어 보이는 효과와 함께 깨끗하고 통일성 있는 인테리어를 완성했다.

80% 이상 예약 고객 주변에 사무실이 많아 직장인들을 대상으로 한 깔끔하면서 세련된 스타일과 고급스러움을 추구한다. 또 롯데캐슬 내에 위치해 있기 때문에 프리미엄급 고객이 많고 잠실의 고급 아파트에 거주하는 가족 단위 고객이 많아 80% 이상 예약제로 운영하고 있다. 박준뷰티랩 잠실롯데캐슬점은 향후 롯데 슈퍼타워123이 완공되고 나면 더 많은 고객이 유입될 것으로 예상하고 있다.

고객 접객 서비스는 다양한 음료와 차를 제공하고, 고객을 입구에서부터 맞이한다. 시술을 마친 후에는 매장 밖이나 엘리베이터까지 배웅한다.

박준뷰티랩 잠실롯데캐슬점만의 고객관리 방법은 생일을 맞은 고객에게 직원들이 생일 축하 메시지를 영상으로 제작해 생일 기념 무료 커트권, 펌 또는 염색 할인권 등과 함께 휴대폰이나 이메일로 전송한다. 휴면 고객은 개인별 디자이너가 메시지를 영상에 담아 전달해 고객들에게 이색 이벤트를 선사한다.

고객 위해 다양한 이벤트 진행 또한 계절별 프로모션을 진행해 선불권 이용 고객은 30% 이상 할인, 펌과 컬러 시술을 같이 하는 경우 한 품목당 50% 가량 할인해준다. 동반 고객 할인, 시즌별 시술 할인 등 가격 부담을 줄여 체험할 수 있는 기회를 제공하고 있다.

모든 시술 제품은 일본 등에서 전량 수입한 최상급 제품을 사용해 고객만족도를 높였다.

고객에게 더 나은 스타일을 찾아 주기 위해 기술적인 부분에 중점을 두고 최신 트렌드 적용, 시술 메뉴 개발 등으로 타 살롱과 차별화했다. 이러한 차별화 전략 때문에 고객들은 박준뷰티랩 잠실롯데캐슬점 디자이너들의 헤어 디자인 실력과 기술 서비스를 높이 평가한다.

조환 대표를 비롯해 정현 실장, 오소라 · 김세희 수석 디자이너, 선우 · 조성아 디자이너 등의 직원들이 근무한다.

철저한 기술 · 서비스 교육 디자이너 교육시스템은 자체적으로 커트, 업스타일, 드라이 교육 등을 실시하고, 트렌드 펌 · 컬러에 대해 연구, 프레젠테이션을 정기적으로 진행한다.

또 한 달에 2회 본사의 접객 교육을 받고 매일 아침 서비스 매뉴얼로 교육을 실시한다. 특히 대한항공 승무원 서비스를 미용실 서비스에 접목한 17가지 서비스 실천

항목을 만들어 직원들이 철저히 지키도록 했다. 세부 항목으로는 시간 약속 잘 지키기, 대답 잘하기, 근태, 고객에게 설명 후 시술할 것, 예의 갖추기 등 기본적인 직원들의 자세를 요구하는 교육으로 구성됐다.

박준뷰티랩 잠실롯데캐슬점의 경쟁력

커트 매월, 매년 단위의 커트 교육을 통해 디자인 감각이 가미된 일반 커트와 차별화된 크리에이티브 커트, 투 블록 커트 등 다양한 커트에 특화됐다.

펌 모발 손상 없이 짧은 시간에 시술이 가능한 비타민 펌, 천연 제품을 이용해 손상 모발을 케어한 후 펌 시술을 하는 웰빙 펌 등을 제공한다.

컬러 일본에서 공수한 제품인 호유, 천연 제품 와칸을 사용해 냄새가 없고, 컬러 유지가 잘 되는 컬러 시술을 선보인다.

두피 · 모발관리 두피클리닉은 르네휘테르, 에코 케어를 이용해 탈모, 산후 탈모, 스트레스성 두피 등을 케어해준다. 모발클리닉은 에코 케어를 사용해 수분과 영양을 공급해 모발 건조, 모발 손상을 관리해준다.

조환 대표

박준뷰티랩 잠실롯데캐슬점과 잠실점을 함께 운영하고 있는 조환 대표는 18년 가까이 박준뷰티랩과 함께 눈부신 성장을 이뤘다.

주위의 권유로 미용을 시작한 후 35년간 미용인의 길을 걸

많이 하고, 다양한 지식을 쌓기 위해 책도 많이 읽는 등 나의 발전을 위한 노력을 꾸준히 했다"고 덧붙였다.

그는 "기본적인 직원들의 서비스 정신을 키우기 위해 대한항공에서 승무원을 대상으로 실시하는 서비스 교육을 미용실에 필요한 서비스에 접목시켜 17가지 실천 항목을 만들어 직원들이 실천한다. 고객들은 차별화된 고품격 서비스를 경험해 만족도가 높고 이는 매출로 이어져 2011년 박준뷰티랩 매출 톱10 안에 들었다"고 설명했다.

지금도 배움의 현장에는 빠지지 않는다
철저한 기술교육 · 감성경영이 성공 요체

조 대표는 경쟁력 있는 기술을 갖추는 것이 1차 목표라고 생각해 직원들에게 기술교육을 철저히

어 온 조환 대표는 어려움에 봉착했을 당시 당장의 어려움만 생각하지 않고, 10년 후의 미래를 그려본 결과 미용을 포기하지 않기로 결심하고 박준뷰티랩에서 2년 만에 2배 확장, 5년 후 330m²(100평) 규모의 잠실점 오픈에 이어 현재 잠실롯데캐슬점을 운영하고 있다.

조환 대표는 "실력이 가장 최우선이 돼야 한다. 기술을 준비하지 않고 고객을 만나는 것은 고객을 마네킹 취급하는 것이기 때문에 실력을 갖추기 위해 노력해 왔고, 지금도 배우는 현장에는 빠지지 않는다"고 미용철학을 밝혔다.

조 대표는 "미용 기술을 연마하는 것은 물론 내면의 성장을 위한 공부도 당부한다.

또 감성경영으로 직원들과 충분한 상담을 통해 감성적으로 소통하기 위해 노력하고 있다.

이어 "지금까지 해 온 것을 바탕으로 또 다른 박준뷰티랩 지점 오픈을 계획하고 있다. 또 고객과 직원들을 위한 공간과 헤어, 메이크업, 헤어 스파 등을 제공하는 토털 뷰티숍을 오픈하는 것이 꿈"이라고 말했다.

조환 대표는 박준뷰티랩 운영 외에 미용기능장 취득, 아카데미 교육 진행, 동국대 APP 과정 등을 수료했으며 현재 각종 미용 모임 참여, 박준 아트팀에서 활동하고 있다.

박준뷰티랩 청담본점

세계적 디자이너 박준의 뷰티철학이 담긴 곳

Info

- **영업시간** 평일 오전 9시~오후 10시, 주말 오전 9시~오후 7시30분
- **연 락 처** 02-511-1414
- **주　　소** 서울 강남구 청담동 31-12
- **홈페이지** www.parkjun.com
- **찾아가기** 지하철 7호선 청담역 8번 출구 도보 5분
　　　　　 4419, 3219번 청담천주교회, 청담동성당 앞 하차

찰랑거리는 긴 생머리는 남성들의 로망이자 여성의 아름다움을 가장 적극적으로 표현하는 방법 중 하나다. 백화점 명품 화장품 사이에서 고급 헤어케어 브랜드가 인기를 얻고 모발관리 살롱과 두피 전문 피부과가 성황을 이루는 것 역시 이와같은 맥락이다.

뷰티에 관심 있는 여성들은 이제 얼굴뿐 아니라 헤어케어에도 관심과 투자를 아끼지 않는다. 많은 비용을 지불하더라도 아름다움을 가꾸고 자신에게 가장 잘 어울리는 헤어스타일을 찾으려는 여성들의 마음을 반영하듯 청담동 일대의 럭셔리 헤어살롱은 국내 패션 트렌드를 이끌며 큰 인기를 끌고 있다.

'명품 토털 헤어살롱' 명성 높아 스타일의 변화뿐만 아니라 건강한 머릿결과 수준 높은 서비스를 받고 싶다면 헤어살롱의 메카 청담동으로 가야 한다. 청담동에서도 가장 인지도 높은 헤어살롱이자 가장 추천할 만한 곳으로 손꼽히는 헤어숍은 바로 박준뷰티랩 청담본점이다.

박준뷰티랩의 CEO이자 세계적인 헤어 디자이너로 손꼽히는 박준의 뷰티철학이 고스란히 담긴 청담본점은 청담동 헤어살롱 중에서도 연예인들이 가장 많이 찾는 헤어살롱으로 유명하다. 그만큼 수준 높은 실력과 고품격 서비스가 고객들의 마음을 사로잡았다는 뜻이다.

우리나라 고급 헤어살롱의 대명사이자 체인형 헤어살롱의 시초라고 할 수 있는 박준뷰티랩은 전국에 160여 개의 매장과 미국, 영국, 프랑스, 중국 등의 15개 도시에 진출해 해외에 매장을 운영하고 있다. 특히, 다양한 연령대를 포용할 수 있는 차별화 전략으로 고객의 취향과 콘셉트에 맞는 맞춤서비스로 고객만족도가 높은 곳으로도 유명하다.

그중에서도 박준뷰티랩 청담본점은 국내 최초의 명품 토털 헤어살롱으로 10년째 명성을 이어오고 있다.

이런 인기를 반영하듯 영화와 드라마, 뮤지컬의 헤어 협찬으로 유명 배우들이 자주 찾는 곳이며, PPL과 촬영 장소 협찬으로 영화 '내 머릿속의 지우개'와 드라마 '아내의 유혹' 등 각종 드라마와 영화에도 많이 소개되었다.

특히 드라마 '아내의 유혹'에서 노출된 메이크업실은 피부톤을 살리는 메이크업부터 강렬한 화보 메이크업까지 완벽하게 소화하고 있어 박준뷰티랩 청담본점 속의 또 하나의 자랑거리로 자리잡았다.

편안·온화한 분위기서 최상의 서비스 가장 근본적인 모티브를 바탕으로 끊임없이 변화를 추구하는 박준뷰티랩 청담본점은 최상의 서비스를 받으며 편안하고 온화한 시간을 만들 수 있는 곳이다.

또 새롭게 스타일 변신을 하기 위해 찾은 고객에게 가장 잘 어울리는 옷과 스타일을 입혀주기 위한 공간으로 사랑받고 있다.

박준뷰티랩 청담본점의 인테리어는 모던과 앤티크가 어우러진 콘셉트에 도트 무늬 천장 패턴의 감각적인 디자인 요소와 보는 이들에게 재미까지 선사하는 조명 아트가 눈길을 끈다.

박준뷰티랩 청담본점 1층의 노출과 금속의 반복되는 내부 인테리어는 우드의 따뜻함과 함께 만나 절묘한 조화를 보여주는 새로운 환경을 연출하고 있다.

2층은 1층과 같은 콘셉트이지만 많은 고객들이 이용하는 장소이기 때문에 동선이 짧고 활용도를 높일 수 있도록 공간 활용을 했다.

매주 수요일 박준 대표 직접 시술 청담본점의 특색은 이뿐만이 아니다. 매주 수요일에는 국내 최고 헤어디자이너인 박준 대표가 직접 청담본점에서 시술하는 모습을 볼 수 있을 뿐 아니라 케어까지 받을 수 있다.

한 여성 단골 고객은 "10년이 넘도록 박준 대표에게 직접 시술을 받기 위해 박준뷰티랩 청담본점을 찾고 있다"며 "머리를 할 경우 일부러 수요일까지 기다리는 경우가 많다"고 말했다.

임승애 원장 ●

청담본점은 박준뷰티랩이 세계적인 브랜드로 나아가기 위한 안테나숍이다. 인테리어도 모던과 앤티크가 어우러진 콘셉트로 국내시장과 해외시장의 접점이 되어 박준뷰티랩을 대표하고 있다.

세계적 브랜드 도약 향한 '안테나숍'
고객의 기대 한발 앞서가는 변화 추구

또한 유행을 앞서가는 질 높은 헤어 시술과 CS부분 고객만족을 위하여 주 단위로 디자이너를 중심으로 학습하고 논의하는 디자이너 스터디 그룹을 운영하고 있다. 그리고 인턴사원 중심의 스마트 워킹(Smart Working)을 정착시켜 박준뷰티랩의 문화를 만들고 있다.

임승애 원장은 "지금의 서비스에 만족하지 않고 항상 더 나은 서비스를 위해 연구한다. 그 이후 고객들에게 만족하는 서비스를 찾아내어 이 서비스가 잘 되면 다른 지점에 본점 서비스교육을 실행한다"며 "모든 면에서 미리 앞서나가고 실천해야 하는 것이 본점의 역할이라고 생각한다"고 말했다.

박준뷰티랩 청담본점의 모토는 '같은 곳을 향해 함께 나아갑니다'이다. 본점에서는 매주 교육이 있다. 스태프뿐만 아니라 디자이너와 본점 직원 모두 교육을 받으면서 헤어 트렌드뿐만 아니라 서비스 교육도 끊임없이 배우고 있다.

임승애 원장은 "배우면서 실천하게 되어 스스로의 성장뿐만 아니라 함께 성장할 수 있는 시스템을 만들도록 노력하고 있다"며 "경영자는 직원이 성장할 수 있도록 배움의 길을 열어주는 사람이라는 철학을 가지고 있다"고 교육의 중요성을 강조한다.

현재 박준뷰티랩 청담본점은 '토털 뷰티'를 콘셉트로 1, 2층에 헤어살롱, 3층에 에스테틱·메이크업·네일, 4층에 피부과가 입점한 상태다. 이번에 '아로마티크'가 입점되면서 고객들에게 뷰티 제품에 대한 정보 또한 제공하고 있다.

임승애 원장은 "신사옥에는 카페형 레스토랑이 입점해 편안한 휴식공간을 마련했다. 뷰티에 관한 모든 것들을 한 곳에서 하기를 원하는 고객의 의견을 반영해 고객 맞춤형 건물로 변화했다"며 "박준뷰티랩 청담본점은 역사가 있다. 긴 시간 동안 고객들을 위한 시술과 서비스를 제공하기 위해 끊임없이 노력했다. 토털 뷰티 역시 고객들이 무엇을 원하는지 더 빠르게 파악하고 바로 실행한 결과이다. 높은 매출만이 우리의 수단과 성공의 목표가 아니다"라고 강조했다. 이어 "고객과 직원이 함께 행복할 수 있는 공간과 문화의 장소를 만드는 것, 그리고 최신의 미용과 뷰티 정보를 얻을 수 있는 것이 우리의 경쟁력이라고 생각한다"고 덧붙였다.

임승애 원장은 고객의 기대에 한 발 앞서서 변화해야 한다고 강조한다. 그는 "고객은 항상 변화한다. 또 변화하고 발전하는 기업을 좋아한다. 현재 SNS를 통해서 많은 플랫폼들을 접하고 있다"며 "블로그나 페이스북과 같은 다양한 플랫폼을 통해서 고객들과 소통을 하는 것이 우리의 목표이다. 변화하는 것을 두려워하지 않고 현재 트렌드를 알고 고객들이 원하는 서비스를 위해 끊임없이 노력할 것"이라고 포부를 밝혔다.

써지오보시 압구정역점

고객의 패션·피부톤까지 고려한 스타일 연출

Manpower

원　　장	송영숙
디 자 이 너	김근희, 박유미

Info

- **영업시간** 오전 9시~오후 7시 (100% 예약제)
- **연 락 처** 02-515-7600~1
- **주　　소** 서울 강남구 신사동 569-1 우정빌딩 2층 (주차 가능)
- **홈페이지** www.sbkorea.kr
- **찾아가기** 승 용 차:동호대교 남단서 논현동 방면 직진 수협은행에
　　　　　　　서 우회전 허브랜드 좌측 건물
　　　　　　대중교통:지하철 3호선 압구정역 4번출구에서 50m 직진
　　　　　　　수협은행 골목으로 들어와 허브랜드 좌측 건물

써지오보시 압구정역점은 국내 패션을 선도하는 압구정 로데오거리와 가로수길의 상권에 위치해 있어 새로운 패션 트렌드를 빨리 접하길 원하는 학생들부터 중년의 여성고객까지 다양한 고객층의 사랑을 받는 헤어살롱이다.

또한 현대백화점과 갤러리아백화점이 인접해 있어 일본인 관광객을 비롯해 외국인 고객의 방문도 꾸준히 증가하고 있다.

"미용은 창조적 직업" 써지오보시 압구정역점의 송영숙 원장은 '송영숙 헤어살롱'으로 헤어살롱을 운영하다 최근 써지오보시 브랜드로 전환했다.

송영숙 원장은 "모든 것이 글로벌화되고 스마트화되면서 기존의 헤어살롱에도 변화가 필요했다"며 "미용은 단순한 직업이 아닌 예술을 하는 것과 같은 창조적인 직업으로 새로운 트렌드를 빠르게 접하고 기술과 정보의 공유가 무엇보다 중요하기 때문에 프랑스 고급 헤어살롱인 써지오보시를 선택했다"고 설명했다.

써지오보시 압구정역점은 들어서는 순간 내 집과 같은 편안한 분위기의 인테리어가 맞이한다. 특히 일반 헤어살롱에서 사용하는 높낮이를 조절하는 의자가 아

닌 쇼파에서 시술한다는 점이 눈길을 끈다. 고객을 상하로 이동시키지 않고 디자이너가 고객의 눈높이에서 시술을 진행하며 편안함을 선사한다.

송영숙 원장은 국내 패션의 중심지라 할 수 있는 명동과 압구정에서만 30여년 헤어살롱을 운영하며 탁월한 감각과 우수한 기술력을 바탕으로 고객의 연령 층에 따른 세심한 카운슬링을 통한 맞춤 스타일 연출로 유명하다. 특히 패션과 웨딩 잡지의 뷰티 에디터로 활동한 송영숙 원장의 노하우를 바탕으로 고객의 패션과 피부 톤까지 고려한 헤어스타일링 연출은 써지오보시 압구정역점만의 차별화된 경쟁력이다.

웨딩메이크업 유명 … 삼성그룹 협력업체에 선정 또한 써지오보시 압구정역점은 삼성그룹의 협력업체로 선정될 만큼 웨딩메이크업으로도 고객들의 인기를 모으고 있다. 웨딩메이크업은 헤어와 메이크업을 패키지 상품으로 구성해 서비스를 진행하고 있다.

써지오보시 압구정역점의 송영숙 원장을 비롯해 디자이너들은 써지오보시 프랑스 본사 연수를 비롯해 본사에서 파견된 기술강사들의 교육을 통해 새로운 스타일을 창조하고 있다.

송영숙 원장은 "새로운 기술을 배우는 것은 끝이 없다. 프랑스 본사에서 1년에 2회 발표하는 트렌드를 디자이너들과 연구해 고객들에게 선보일 수 있도록 노력하고 있다"며 "고객 서비스 교육의 경우 직원들과 많은 대화를 통해 서비스 마인드를 공유하고 젊은 디자이너들과 소통하기 위해 기술적인 부분뿐만 아니라 문화와 취미생활까지 공유하고 있다"고 설명했다.

써지오보시 압구정역점의 경쟁력

커트 내추럴하면서 머리결의 질감을 살리는 고급스러운 커트를 제공한다. 본인의 스타일과 매치되는 내추럴한 스타일을 집에서도 연출할 수 있도록 커트를 진행하는 것이 특징이다.

펌 임산부에게도 시술이 가능한 100% 천연 원료의 펌제를 사용한 천연 펌과 에코 펌을 추천한다.

컬러 로레알, 일본의 데미, 독일의 헤나 염모제 등 다양한 컬러를 표현할 수 있는 염모제를 사용해 본인의 피부 톤과 헤어스타일에 어울리는 컬러 시술을 제공한다.

두피·모발관리 프랑스에서 직수입한 REVIVER 브랜드를 사용해 고품격 두피 관리 서비스를 제공한다. 서울을 비롯해 지방의 고객들도 두피 관리를 받기 위해 방문하는 등 인기가 높다.

써지오보시

프랑스 젊은 층을 대상으로 가장 빠르게 성장하는 헤어살롱 브랜드인 써지오보시는 수많은 경험과 신념으로 프랑스만의 헤어조형아트(Coiffure)와 스타일링을 창조하기 위해 끊임없이 노력하고 있다.

써지오보시의 주된 콘셉트와 전통은 이탈리아 여성의 지중해적인 아름다움으로, 이러한 콘셉트와 이미지들은 써지오보시 내외부의 디자인, 색감, 가구, 램프 등을 포함한 전반적인 분위기에서도 표현되고 있으며 고객이 머무는 동안 색다른 영감과 유니크한 스타일을 느낄 수 있도록 배려한다.

이탈리아의 모니카벨루치, 소피아로렌, 롤로브리지다, 프랑스의 소피마르소 등 섹시한 이미지의 스타들을 아이콘으로 설정하여 이탈리아의 섹시한 여성의 유혹적인 아름다움을 추구한다.

써지오보시는 지중해 여성의 섹시한 이미지를 모티브로 전세계 고객에게 우아하면서도 섹시한 이미지를 만들어 준다.

또한 앞으로도 고객들이 한층 더 아름다움을 즐길 수 있도록 노력할 것이다.

1988년 이후 프랑스 내의 사업과 아카데미에 투자 강화를 통해 해외의 대형 프랜차이즈 운영을 시작한 써지오보시는 현재 한국, 룩셈부르크, 포르투갈, 캐나다, 일본에서 프랜차이즈 사업을 전개하고 있다.

송영숙 원장

송영숙 원장은 국내 패션의 중심지인 명동과 압구정동에서 헤어살롱을 운영하며 탁월한 감각으로 고객 맞춤 헤어스타일을 연출해온 대가로 유명하다.

특히 대한미용사회중앙회 기술강사와 한국보건산업진흥원에서 진행하는 헤어살롱 교육의 강사로 활동할 만큼 기술력에 있어 최상위 디자이너이다.

헤어스타일 연출은 성형이며 예술
미용, 행복 선사하고 봉사하는 직업

송영숙 원장은 "잘못된 커트나 펌, 컬러는 많은 스트레스를 준다"며 "최선을 다해 고객이 원하는 헤어스타일을 연출해 만족을 선사하는 것은 디자이너의 의무이자 숙명"이라고 강조했다.

이어 그는 "미용은 칼을 쓰지 않고 사람의 스타일을 바꿀 수 있는 일종의 성형과 같은 작업이다"며 "고객의 스타일과 피부 톤까지 고려해 예술작품을 만든다는 생각으로 헤어스타일을 연출하고 있다"고 덧붙였다.

후배 미용인들에게 자신의 기술과 노하우를 전수하는 것이 목표라고 밝힌 송 원장은 "미용은 앞으로도 발전 가능성이 무궁무진한 직업"이라며 "사람들에게 행복감을 선사하는 것은 물론 미용기술로 봉사할 수 있는 직업으로 후배들이 자부심을 가지고 디자이너로 성장하길 바란다"고 말했다.

장윤경 헤어 & 피부관리

접객부터 시술까지 베테랑 디자이너가 책임

Manpower ●
원　　　장　김태림
실　　　장　이애정
디 자 이 너　김학보

Info ●
- **영업시간**　오전 9시~오후 8시
　　　　　　（매월 2, 4주 일요일 휴무)
- **연 락 처**　02-759-4207
- **주　　　소**　서울시 용산구 한강로 1가 153번지 2층
- **찾아가기**　서울 지하철4, 6호선 삼각지역 1번 출구에서
　　　　　　100m 이내

장윤경 헤어&피부관리는 330m²(100평) 규모에 자연을 콘셉트로 한 인테리어가 돋보이는 토털 살롱이다.

서울 지하철 4, 6호선 삼각지역에서 약 100미터 떨어져 있어서 교통이 편리하다.

국방부가 인근에 위치해 있는 탓으로 주 고객층은 군인 및 전문직 남녀가 대다수를 이루고 있다. 용산에서 오랜 세월 동안 까다로운 고객의 니즈를 만족시켜 온 살롱으로 유명해 단골 고객이 끊이질 않는다.

장윤경 헤어&피부관리는 일반적인 다른 미용실과는 달리 스태프를 두지 않고 10년 이상 경력의 디자이너 2명이 손님 접객부터 시술 등 전 과정을 책임지고 있어 수준 높은 서비스를 경험할 수 있다.

고객상담에 20~30분 또한 철저한 사전 예약제로 운영되며, 고객 상담에 충분한 시간과 노력을 기울이는 것도 장점이다. 즉 고객과의 커뮤니케이션이 갖는 중요성을 인식하고 고객에 맞는

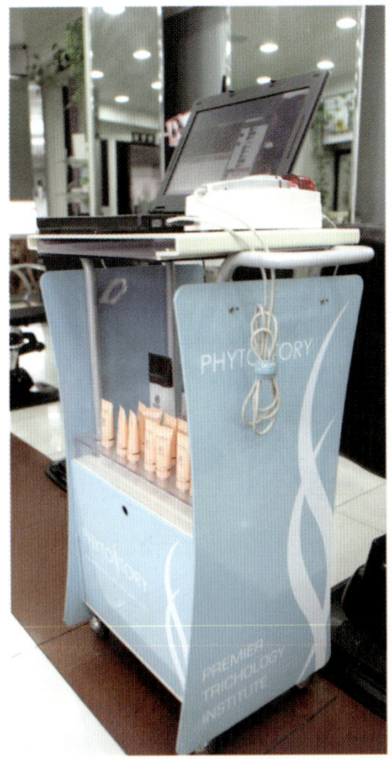

장윤경 헤어&피부관리의 경쟁력

커트 사이리 커트 코스를 마스터해 최고의 커트 테크닉을 자랑한다. 특히 가위를 사용해 엣지를 살린 '보브컷'을 추천한다.

펌 장윤경 헤어&피부관리는 일진코스메틱 제품을 사용하며 모발에 공기를 부여해 볼륨을 살리고, 펌 타임이 빠른 '에어 롤링 코디펌'을 시술해 고객들의 만족을 얻어내고 있다.

컬러 컬러 시술이 특화된 장윤경 헤어&피부관리는 30년째 웰라 제품만을 고집하고 있다. 염색도 트렌드에 따라 고객에게 맞는 컬러를 도입하고, 특히 흰머리 모발에는 자연스럽게 컬러가 나타나도록 노하우를 바탕으로 시술한다.

두피·모발관리 근본적인 두피 및 모발 케어를 위한 헤어 스파 시스템을 도입했다. 두피와 모발 상태를 체크, 두피 스켈링, 보습 및 영양 관리, 콜라겐 케어 등 1시간 시술로 이뤄진다. 주 1회 시술을 기본으로 5~10회 쿠폰제로 이용할 수 있다.

스타일링과 시술 등에 대한 상담에 20~30분을 쏟는다. 그렇기 때문에 시술 후 클레임이 없으며 고객 만족도도 높다.

결혼을 앞둔 고객들은 업스타일과 혼주 머리 시술을 강점으로 꼽는 장윤경 헤어 살롱을 추천한다. 과한 스타일링보다는 고객에 맞는 타입과 코디, 결혼 당일의 분위기 등을 고려한 스타일링에 중점을 두기 때문에 좋은 평가를 받고 있다.

디자이너 교육은 외부 교육기관을 통해 상시 실시하고 있다. 김태림 원장, 이애정 실장, 김학보 디자이너는 트렌드 세미나, 각종 미용대회 등에 참가해 트렌드를 체크하며 실력을 쌓고 있다. 또한 문화적인 체험을 통해 고객에게 감성 서비스를 제공하고 주 1회 자체 CS교육을 실시하고 있다.

2층은 미용실, 3층은 피부관리실과 헤드&헤어스파로 운영하고 있다.

장윤경 헤어&피부관리는 사이리 커트 코스를 마스터한 테크닉을 자랑하며 특히 보브컷이 특화됐다. 또 모발에 공기를 부여해 볼륨을 살리고 펌 타임이 빠른 에어 롤링 코디펌을 받을 수 있다. 특히 웰라 제품을 사용하는 컬러 시술은 시즌과 트렌드에 따라 고객에게 어울리는 컬러로 연출해준다.

온라인 커뮤니케이션도 활용 피부 관리는 4명의 관리사가 고객 맞춤 서비스를 제공한다. 헤드&헤어스파는 두피 및 모발 상태 체크 시스템을 갖춰 개인별 맞춤 관리를 받을 수 있다. 두피 스켈링, 보습 및 영양 공급, 재생 케어, 콜라겐 케어 등 체계적인 단계와 프로그램으로 진행된다.

장윤경 헤어&피부관리는 포털사이트 프리미엄 미용실 검색 서비스에 등록돼 있다. 아울러 소셜 마케팅에도 주력하는 등 더욱 많은 고객들에게 고품격의 서비스를 제공하기 위해 노력하고 있다.

김태림 원장 ●

고객 만족까지 10년 20년 되니 즐거움 30년 넘자 재산

나이가 허락할 때까지 건강한 미용 장인으로 살고 싶다는 김태림 원장은 30년 경력을 가진, 용산구 일대의 터줏대감이다.

김태림 원장은 "오랜 세월에 걸쳐 쌓아 온 노하우는 쉽게 따라올 수 없다. 기술을 파는 것은 자존심을 파는 것이라고 생각하기 때문에 1984년 미용실을 설립한 이후 한 번도 자체 세일이나 제휴카드 할인 등을 해본 적이 없다"고 말했다.

김 원장은 "미용을 하면서 고객의 머리를 만족시키기 위해서는 10년의 세월이 필요하다"며 "미용업을 20년 이상 했을 때는 일이 아니라 즐거움이 됐고, 30년 이상이 됐을 때는 재산이 됐다"고 설명했다.

장윤경 헤어&피부관리는 김 원장의 경영철학에 따라 스태프 없이 디자이너가 접객부터 상담, 샴푸, 시술, 마무리 등 전 과정을 담당하며 차별화된 서비스를 제공한다.

또한 사전 예약제를 운영, 고객에 맞는 스타일링과 시술 등 고객과의 커뮤니케이션을 통해 시술 후 클레임이 없으며 고객 만족도를 높였다.

김 원장은 모발 생리학 공부를 바탕으로 건강한 두피가 건강한 모발을 만든다고 강조하며 헤드&헤어스파를 도입했다. 두피와 모발의 상태를 꼼꼼히 체크하고 두피 스켈링, 모발에 필요한 보습과 영양 공급, 재생 케어, 콜라겐 케어 등의 두피와 헤어 스파 서비스를 실시하고 있다.

전소영코디 · 메이크업

콘셉트 · 고객 니즈 조합 … 맞춤 스타일링 제공

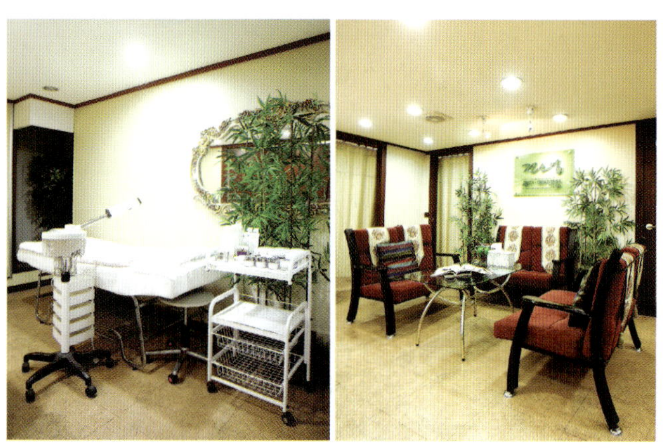

Info

- **영업시간** 예약제로 운영
- **연 락 처** 02-547-5305
- **주　　소** 서울시 강남구 청담동 99-17 미소니빌딩 3층
- **홈페이지** www.jeonsoyoung.com

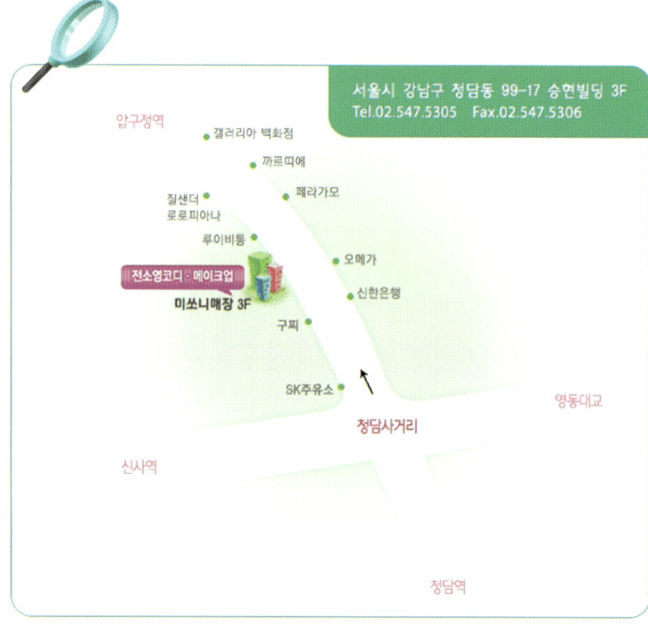

전소영코디 · 메이크업은 패션디자인을 전공한 전소영 대표와 11명의 아티스트가 헤어스타일링부터 의상, 메이크업, 스킨케어까지 특별한 날을 위해 아름다움을 창조하는 곳이다.

특별한 날의 특별한 아름다움 창조 특별한 날, 가장 아름다운 모습을 꿈꾸는 이들을 위해 전소영코디 · 메이크업은 조명까지 고려해 전체적인 스타일링을 책임진다. 전소영 대표는 "보통 뷰티 컨설팅도 몇 가지 유형을 두고 있지만, 전소영코디 · 메이크업은 고객에게 맞춤 형태로 서비스를 제공한다"고 말한다.

커트나 펌 등의 시술을 제공하지 않는 전소영코디 · 메이크업은 전체적인 스타일링을 위해 헤어 컨설팅을 제공, 전문숍에서 시술 받을 수 있도록 연계 서비스를 제공하고 있다. 또한 완벽한 메이크업을 위해 사전 스킨케어는 물론, 고객의 의상이 마음에 들지 않으면 즉석에서 오브제를 만들어 리폼하기도 한다.

특히 전소영코디 · 메이크업의 최대 강점은 고객과의 상담을 통해 고객이 원하는 스타일을 확인하고 이를 반영해 스타일 콘셉트를 잡아 시술 전 시뮬레이션을 통해 고객의 만족을 높인 것이다. 전 대표는 "고객이 원하는 스타일이 고객에게 어울리지 않더라도 무조건 안 된다고 하기보다는 시뮬레이션을 통해 새로운 스타일을 제안한다"면서 "콘셉트와 고객의 니즈를 섞어 새로운 스타일을 두려워하는 고객들에게 맞춤 스타일링을 제공함으로써 신뢰를 얻고 있다"고 말했다.

이렇게 시도해보지 않은 스타일을 제안, 시술함에 따라 최근에는 스타일을 바꿀 기회가 많지 않은 남성 고객층 사이에서도 만족도가 높아지고 있다.

다양한 교육 통해 탁월한 실력 갖춰 전소영코디 · 메이크업에는 11명의 아티스트가 근무하며 웨딩, 촬영, 광고, 화보 등의 스타일링을 진행하고 있다.

전 대표는 "숍의 디자이너 모두 베테랑으로 자존심이 강하기 때문에 믿고 맡기는 편"이라며 "아티스트들과 함께 커 간다는 생각으로 음식에 간을 맞추듯 부족

한 부분만 채워주고 있다"고 말한다.

소수의 인원으로 토털 서비스가 가능한 것은 다양한 교육이 진행되기 때문이다. 전소영코디·메이크업의 교육은 현장을 중심으로 토털 스타일링을 위한 얼굴을 읽는 법, 얼굴형에 어울리는 헤어커트, 퍼스널 컬러 등의 교육과 함께 실제 시술 전 리허설에서 직접 시연할 수 있는 실무 교육이 병행되고 있다. 이와 함께 전 대표가 마케팅, 상담 노하우 등 자신이 배운 것들을 실무 현장에 담아 직접 전수하고 있다. 이러한 총체적인 교육 덕에 전소영코디·메이크업의 아티스트들은 3~4개월의 근무로도 다른 숍에서 1년 근무한 수준의 실력을 갖추게 된다고 평가받고 있다.

전소영코디·메이크업은 광고 없이 입소문을 통해 찾아오는 손님이 대부분이다. 전 대표는 "1993년부터 한 곳에서 숍을 운영하다 보니 입소문만으로 미국에서 찾아오는 손님도 있고, 20년 전 웨딩 스타일링을 맡겼던 이가 대학생이 된 딸과 함께 찾아오는 경우도 있었다"고 설명한다.

100% 예약제 하루 최대 40~50명의 고객도 시술하는 전소영코디·메이크업은 100% 예약제로 운영되기 때문에 고객이 몰리는 시간에도 복잡하지 않다. 예약 손님을 위해 미리 준비할 수 있고 시뮬레이션을 거친 터라 각자 역할에 따라 빠르게 시술하기 때문이다. 이러한 예약시스템은 언제 올지 모르는 고객을 기다리는 것이 아니라 아티스트 스스로 시간을 조절할 수 있어 근무 만족도도 높다.

전소영 대표는 "신뢰를 생명처럼 생각하며 스스로의 가치를 높여 고객에게 시술하니 매장을 찾은 고객들은 시술 금액을 깎는 일이 없다"며 "시술받은 고객들에게 해피콜을 통해 서비스 만족도를 평가하고 있다"고 말했다.

전소영 대표는 "미용은 어느 정도의 헌신이 필요한 일로 나 역시 20여 년간 새벽 3시반에 일어나 숍을 열고 무슨 일이 있어도 고객과의 약속을 지켜왔다"며 "돈을 좇기보다는 나를 상품화하고 나의 가치를 올리면 돈은 자연스럽게 따라오게 돼 있다"고 조언한다.

자신의 가치를 높이기 위해 끊임없이 공부하고 있는 전 대표는 현재 중앙대학

자신에게 투자하고 고객과 약속 준수
미용·패션 '멀티 뷰티 전문가' 돼야

교 패션아트디자인학과에서 박사과정을 밟고 있다. 스스로 공부하며 정부가 추진하는 미용교육사업에도 활발히 참여하고 있는 전 대표는 향후 토털 뷰티 교육사업을 펼치고 싶다고 말한다.

전 대표는 "최근 융합이 화두로 떠오른 가운데 미용도 메이크업, 헤어, 네일, 피부 등 토털 미용 교육은 물론 패션 코디네이션도 함께 공부해 멀티 뷰티 전문가로 나아가야 한다"며 "지식만으로 가르치는 것이 아닌 현실적인 강의를 할 수 있는 기반을 마련하고 싶다"고 포부를 밝혔다.

또한 메이크업 전문숍으로 성공해 후배 메이크업 아티스트들에게 길을 열어주고 싶다는 전 대표는 "모든 것이 공부라는 생각으로 항상 긴장하고 깨어 있어야 한다"며 "선생님의 시술에 대해 '왜 그렇게 할까' 라는 의문을 갖고 생각하는 아티스트가 돼야 한다"고 조언했다.

준앤안티

한·일 양국 트렌드 융합 … 다양한 스타일 제안

Manpower

원　　　장　이케다
실　　　장　AHN.상일, 강문성
매 니 저　이지후
스타일리스트　유나, 예원, 그레이스정, 지우

Info

- **영업시간**　오전 11시~오후 9시
　　　　　　（금 정오~오후 10시, 일 오전 10시~오후 8시）
- **연 락 처**　02-319-1415
- **제휴카드**　멤버십 회원 펌·염색 20%, 코네스트 회원 20% 할인
- **주　　　소**　서울시 중구 충무로 1가 23-1 사보이호텔 B관 4층
- **홈페이지**　blog.naver.com/junanti
　　　　　　ameblo.jp/junsanti2
- **약　　　도**

박 *준뷰티랩 대표 박준 프로·일본 헤어숍 안티 디자이너 코마츠 합작* 한류와 뷰티를 접목한 신개념 헤어숍 준앤안티는 박준뷰티랩의 대표 박준 프로와 일본 유명 헤어숍 브랜드 안티의 유명 디자이너 코마츠의 합작으로 탄생, 미용은 물론 문화와 외교까지도 아우르고자 한다.

한일 최고의 디자이너가 만나 두 나라의 트렌드와 스타일을 접복시켜 다양한 디자인을 선보이고 있는 준앤안티는 준앤안티만이 할 수 있는 헤어스타일을 개발하고 제안하기 위해 노력하고 있다.

이를 위해 안티의 디렉터로 다양한 활동을 펼쳐온 이

케다 원장이 일본을 왕래하며 최신 스타일을 접목해 디자이너들에게 직접 강의하고 있다. 이케다 원장은 "한국과 일본은 유행하는 헤어스타일이 다르고 이에 따라 기술에도 다른 점이 많아 이를 융합시켜 고객들에게 더욱 다양한 스타일을 제안할 수 있는 것이 준앤안티만의 장점"이라고 말한다.

준앤안티는 유학생이나 한국에 거주하는 외국인 고객이 현재 25~30% 정도를 차지하고 있다. 일본, 중국, 미국 등 나라가 다른 만큼 원하는 스타일이 다양하며, 디자이너들도 해외 연수를 통해 다양한 스타일을 익히고 외국어 능력을 갖춰 고객을 만족시키고 있다.

한·일서 온라인 마케팅 활발 또한 한국과 일본에 각각 블로그를 운영하는 것은 물론, 디자이너별로 블로그를 통해 홍보하고 있다. 신규 고객의 90%는 블로그를 보고 방문할 정도로 준앤안티만의 스타일을 소개하는 좋은 수단이 되고 있는 것이다. 더불어 한국에 거주하는 일본인을 위한 온라인 커뮤니티 '코네스트'를 통해 방문하는 고객에게는 20% 할인 혜택을 제공하는 등 온라인 홍보를 활발히 진행하고 있다.

다양한 고객들이 찾는 만큼 고객 방문 패턴에 맞춰 영업시간도 요일별로 다르게 운영하고 있다. 직장인들이 부담 없이 펌 시술을 받을 수 있는 금요일에는 밤 10시까지 연장영업을 하며, 손님들이 일찍 찾아와 일찍 돌아가는 일요일은 오전 10시에서 오후 8시까지로 한 시간씩 앞당겨 운영하고 있다.

인테리어·매장 분위기에 일본 문화 영향 이에 따라 80%의 고객이 예약을 하고 매장에 방문하며, 영업을 하지 않는 금요일 오전 시간을 활용해서 디자이너 미

팅이나 일본어 교육을 진행하고 있다.

준앤안티의 인테리어는 나무 재질의 작은 경대로 아기자기함을 살렸다. 일본인들이 많이 찾기 때문에 위압감을 주는 웅장한 인테리어보다는 편안한 공간을 구성하고자 노력했다.

일본 문화는 인테리어뿐만 아니라 매장 분위기에도 영향을 미쳤다. 남에게 피해를 주는 것을 꺼리는 일본인이기에 이케다 원장도 자신이 커트한 자리나 샴푸실을 직접 정리하는 등 솔선수범하는 자세로 일한다. 리더로서 필요한 권위와 동시에 친근함을 갖고 직원들이 편하게 일할 수 있도록 배려하는 것이다.

준앤안티의 경쟁력

펌 일본에서 유행하는 블로우 드라이 세팅 등 다양한 펌 기법을 도입해 고객이 원하는 디자인을 표현할 수 있도록 한다.

컬러 정확한 컬러가 아닌 경계선에 있는 오묘한 컬러를 연출하고 여기에 비비드 컬러로 포인트를 준 스타일을 제안한다.

두피·모발관리 박준뷰티랩과 안티에서 사용하는 한국과 일본의 다양한 제품은 물론 이케다 원장이 엄선해 다른 매장에서 볼 수 없는 트리트먼트 제품을 사용, 선택의 폭이 넓다.

이케다 원장 ●

안티의 디렉터를 역임하고 각종 매거진 촬영과 강의, 세미나 등 일본에서 다양한 활동을 펼쳐온 이케다 원장은 한국에서 새로운 미용문화를 만들

새로운 스타일 창조·전파가 목표
쇼트 스타일의 매력 널리 알리고파

고자 한다.

지난해 10월 준앤안티가 오픈하며 한국에 온 이케다 원장은 "아직은 한국말이 서툴러 직원들에게 100% 이해시키기는 힘들지만 쉽게 가르칠 수 있도록 노력하고 있다"며 "언어도 중요하지만 그 이전에 마음과 마음이 닿는 것이 중요하다고 생각해 직원들과 짧은 인사, 미소 등을 통해 교감하고자 한다"고 설명했다.

언어가 완벽하지는 않지만 뛰어난 기술로 직원들을 이끌고 있는 이케다 원장은 "일본과 한국은 유행이 다르고 기술도 달라 어느 쪽이 뛰어나다고 말 할 수 없다"며 "준앤안티만의 새로운 스타일을 만들어 알려 이곳에서밖에 할 수 없는 스타일을 확립하고 싶다"고 말한다.

자신만의 스타일이 확고한 이케다 원장은 한국 여성들의 헤어스타일 특징으로 머리 길이를 꼽았다. 다양한 머리 길이를 가진 일본과 달리 한국 여성들은 아주 길거나 아주 짧은 극과 극의 모습을 보이며, 특히 한국 젊은 여성 중에서는 짧은 헤어스타일을 찾아보기 힘들다는 것이다.

이에 이케다 원장은 "흔히들 쇼트 스타일이 보이시하다고 생각하지만 쇼트 헤어는 섹시함과 여성스러움, 귀여움을 모두 표현할 수 있는 스타일"이라며 "다양한 느낌의 쇼트 스타일로 그 매력을 한국에 널리 알리고 싶다"고 밝혔다.

이케다 원장은 "한국에도 일본에도 없는 새로운 살롱을 선보이겠다는 마음으로 준앤안티가 문을 연 지 1년 가까이 되며 이제 진짜 시작이라는 생각이 든다"며 "매장을 키우는 것은 물론 세미나와 아카데미를 통해 새로운 스타일을 창조하고 널리 알리는 것이 이곳에서 가진 목표"라고 밝혔다.

진선헤어클리닉

최고의 기술 · 가족같은 편안함 '정통 헤어숍'

Manpower

원　　장　김선녀
디 자 이 너　박정선 · 권진아

Info

- **영업시간**　오전 9시30분~오후 9시
- **연 락 처**　02-853-4660
- **주　　소**　서울 관악구 신림4동 500-21호
- **찾아가기**　서울 지하철 신대방역 1번 출구로 나와 건널목을 건너
　　　　　　100m 직진 후 휘미리마트 골목으로 좌회전해 50m 이내

진선헤어클리닉은 국내 최고 수준의 기술을 가진 김선녀 원장이 이끄는 정통 헤어숍으로 완벽한 헤어스타일과 고객만족을 추구한다.

서울 관악구 신림4동에서 30년 역사를 자랑하는 진선헤어클리닉은 깔끔하고 심플한 화이트와 골드 컬러의 인테리어에 따뜻한 느낌의 은은한 조명이 더해져 문을 열고 들어서면 편안함이 느껴진다.

진선헤어클리닉의 자랑은 충성고객을 넘어 김 원장의 팬을 자처한 고객들이 많다는 점이다. 인근 지역 고객은 물론 전국 각지에서 단골고객들이 찾아온다. 한번 들른 고객들은 만족하기 때문에 온 가족이 방문한다.

특히 기술이 첫째이면서 가족 같은 편안함으로 승부하고 있다. 고객 접객은 항상 편안하고 친절하게 하고 고객을 배려한 서비스로 고객만족을 얻고 있다.

상담 통해 고객 내면까지 보고 스타일링 고객들은 뛰어난 기술과 노하우를 갖고 있는 직원들을 신뢰한다. 직원들은 일방적으로 스타일을 권유해 시술하지 않고 고객이 원하는 스타일을 반영해 헤어스타일을 연출한다. 또 고객의 외적인 조건뿐 아니라 상담을 통해 내면을 보고 맞춤 헤어스타일을 완성한다.

진선헤어클리닉의 차별화 전략은 고객의 두상을 등분하는 정확한 분석과 헤어 스케치 기술을 적용해 가장 잘 어울리는 맞춤 스타일링이 가능하다. 또 시술 후에 고객이 손질했을 경우에도 완벽한 스타일을 유지

▲김선녀 원장은 숙명여대에서 스케치를 공부하고 전문적인 헤어 스케치 기술을 적용해 완벽한 스타일링을 연출한다.

할 수 있도록 해준다.

특히 김 원장의 '기술을 할인할 수 없다' 는 경영 방침으로 진선헤어클리닉은 시술 할인이 없다. 김 원장에 따르면 자신을 발전시키지 않고 가격을 낮추는 등 무분별한 할인 혜택은 오히려 서비스의 질을 떨어뜨릴 수 있다.

김선녀 원장과 박정선 디자이너, 권진아 디자이너 등이 근무 중이다. 디자이너 교육은 자체 기술 교육과 외부 세미나, 교육 기관을 통해 진행한다. 또 고객서비스를 위한 CS교육과 함께 직원들 간에 상담 시간을 갖고 헤어숍 발전을 위해 의견을 모은다.

진선헤어클리닉의 경쟁력

커트 고객의 두상, 얼굴형, 니즈, 트렌드 등을 고려해 맞춤 스타일로 시술한다. 어떠한 커트라도 일률적으로 자르는 것이 아니라 고객이 원하는 요구사항을 모두 반영한다.
펌 세팅 펌, 웨이브 펌, 열 펌 등으로 다양하고 자연스러운 웨이브를 자랑한다.
컬러 고객의 분위기와 트렌드를 반영한 컬러를 모발 손상 없이 연출한다.
두피 · 모발관리 두피와 모발에 단백질과 수분을 공급해 건강한 머릿결로 가꿔주는 헤어클리닉을 실시한다. 주 1회 헤어클리닉을 통해 꾸준히 관리해야 두피와 모발 손상을 줄일 수 있어 권장한다.

김선녀 원장

김선녀 원장은 "진선헤어클리닉은 헤어기술을 제일로 삼고 고객존중 서비스를 추구하는 정통 헤어숍이라고 자부한

두상 분석 · 헤어 스케치 기술 적용
차별화된 기술 통해 스타일링 완성

다"고 소개했다.

김 원장은 "고객들은 차별화된 기술과 가족 같은 편안함 때문에 진선헤어클리닉을 무한 신뢰한다"며 "오래된 단골고객들이 멀리서도 가족들과 함께 헤어숍을 찾아줄 때 가장 보람 있다"고 말했다.

이어 "진선헤어클리닉만의 차별화 전략은 고객의 두상을 등분해 분석하고, 헤어 스케치 기술을 적용해 완벽한 스타일링이 가능하다. 이처럼 정확한 기술로 시술하기 때문에 고객이 손질했을 때도 숍에서 받은 것과 동일한 스타일이 연출돼 만족도가 높다"고 강조했다.

미용을 기본부터 체계적으로 배워야 한다는 의지로 미용기능장 취득과 숙명여대에서 스케치를 공부한 그는 헤어 스케치는 미용인들이 필수적으로 공부해야 한다고 주장한다. 두상 구조를 바탕으로 한 철저한 기술은 고객과 디자이너와의 사이를 좁혀준다는 것이다.

김 원장은 "미용인으로서 지성과 감각을 갖춰야 고객과의 커뮤니케이션도 원활하게 할 수 있다"고 설명했다.

대한미용사회중앙회 이사 및 기술강사, 미용미술위원회 위원장, 관악구 지부장, 숙명여자대학교 초빙교수 등으로 활발한 활동을 하고 있는 김 원장은 "본연의 일인 헤어숍에서 잘해야 외부 활동도 잘 할 수 있다. 고객과의 약속은 반드시 지키기 위해 헤어숍을 비우지 않는 철칙으로 운영에 집중하고 있다"고 밝혔다.

어린 시절엔 가수를 꿈꿨을 정도로 노래에 능통하고 미술에도 남다른 재능을 보이는 등 타고난 예술적 감각을 가진 그는 미용을 천직으로 삼고 현재 미용업계에서 최고의 자리에 올랐지만 항상 마음을 비우고 낮은 자세로 일에 임하다 보니 만족도가 높고 안정적이라고 말한다.

김 원장은 "미용업계가 불황이라고 하지만 불황은 자신의 마음속에 있다. 마음가짐을 달리해 마음의 불황을 떨쳐 버리라. 불황을 타개하기 위해서는 마음을 비우고 현실에 만족해야 한다"고 조언했다.

김 원장은 앞으로 "헤어숍 운영과 더불어 교육기관에 있으면서 기술 특강 및 인성 교육도 진행할 계획"이라며 "헤어 스케치 교육을 활성화시켜 두상을 정확히 분석할 수 있도록 교육하고 싶다"고 밝혔다. 이어 "아카데미를 설립해 미용 관련 기술을 토털로 연마해 후배들이 최고의 아티스트로 성장할 수 있도록 경주할 것"이라고 덧붙였다.

토니앤가이 청담본점

VIP · 외국인 고객 많은 글로벌 브랜드

Manpower ●

원　　　장	송주	
실　　　장	김양희, 소라	
디 자 이 너	완표, 다나, 중선, 탁이, 파비오	

Info ●

- **영업시간** 오전 9시~오후 8시30분
- **연 락 처** 02-541-9985~7
- **주　　소** 서울시 강남구 청담동 82-1번지 청청빌라 3, 4층
- **홈페이지** www.toniandguy.co.kr
- **찾아가기** 압구정동 갤러리아 백화점 명품관 건너편 한국도자기 건물에서 청담동 사거리 방향으로 50m 직진, COACH 건물 골목으로 들어와 100m 직진

49 년 역사의 영국 헤어 드레싱 기업인 토니앤가이(TONI&GUY)의 청담 본점은 수많은 고급 살롱들이 즐비한 청담동에 위치했다.

외국 대사, 글로벌 기업 임원, 패션 디자이너 등 VIP 고객이 많은 상권의 특성상 독자적인 서비스와 분위기로 고객을 맞이하고 있다. 특히 글로벌 브랜드 답게 토니앤가이 청담 본점에는 외국인 고객도 많이 방문한다. 이에 토니앤가이 청담 본점의 디자이너들은 개인별로 살롱에서 회화가 가능하도록 외국어 공부도 게을리하지 않는다.

독특한 교육시스템 돋보여 토니앤가이 청담 본점이 고급 살롱 중에서 돋보이는 이유는 지속적이고 독특한 교육시스템에서 찾을 수 있다. 토니앤가이 청담 본점의 직원들은 토니앤가이 국내 아카데미의 교육과정 수료는 물론 영국 본사 교육도 참여해 다양한 코스를 공부하고 온 실력 있는 디자이너들이다.

토니앤가이 아카데미를 통해 헤어 인턴들을 대상으로 STS(Staff Training System)과정과 단계별 커팅 교육을 진행하고 있다. 세부적으로는 헤어 기술을 익히고자 하는 초보자를 위한 비기너 코스를 시작으

로 14가지 전문 커트 교육이 가능한 클래식 커트, 고급 커팅 과정인 컨템 과정(Contemporary Classics), 매년 최신 트렌드를 영국 최고의 아티스트와 함께 영국에서 교육받을 수 있는 어드밴스드 교육(Advanced Cutting & Technical Coourse)을 진행하고 있다. 다양하고 체계적인 과정을 통해 이론적 베이스와 살롱 웍을 연계한 교육으로 헤어 디자이너의 실력 향상에 도움을 주기 위해 노력하고 있다.

또한 국내에서 개최되는 영국, 호주 등의 인터내셔널 아티스틱 팀(International Atristic Team)의 세미나에 참석해 창의적인 영감과 전문기술을 익히고 있다.

토니앤가이

49년 역사의 영국 헤어 드레싱 기업인 토니앤가이(TONI&GUY)는 전 세계 42개 국에 700개 이상의 헤어 살롱과 캐주얼 브랜드인 에센슈얼(essensuals), 28개의 토니앤가이 아카데미, 그리고 유럽 최고의 전문 헤어케어/스타일링 브랜드 레이블엠(label.m)을 개발 및 판매하는 글로벌 기업이다.
토니앤가이 코리아(TONI&GUY KOREA)는 세계적인 기술력을 국내에 전파하고 최신 헤어 트렌드 보급에 앞장서기 위해 매년 2회 이상의 세미나와 헤어쇼를 개최하고 있다. 또한 개성과 라이프 스타일을 중시하는 젊은 층을 위한 캐주얼 브랜드인 에센슈얼을 국내에 론칭했다.

토니앤가이 청담본점의 경쟁력

커트 영국 정통의 실용적이면서도 세련된 커트를 제공한다. 고도로 전문화된 디자이너들이 인위적으로 멋내지 않은 고객의 스타일과 매치되는 내추럴한 스타일을 연출하고 있다. 고객 중심적인 시각으로 살롱에서 연출된 1회성 스타일링에서 끝나지 않고 고객 스스로 집에서 연출하기 용이한 커트 테크닉을 사용하고 있다.

펌 타 살롱처럼 분주하게 진행되지 않고 펌의 정석의 형식으로 충분한 시간과 1:1 맞춤 서비스를 통해 고객의 의도를 반영한 스타일을 완성하고 있다. 개개인의 모질이나 모량에 따라 차별화된 서비스를 제공하기 위한 디자인펌의 시술로 고객의 장점이 부각될 수 있도록 전체 분위기와 이미지를 만들기 위해 최선을 다한다.

컬러 세계 최고의 토니앤가이 헤어 컬러리스트가 완성시킨 컬러를 도입하여 탁월한 색감으로 고객을 만족시키고 있다. 또한 컬러 후 모발의 화학적인 손상을 최소화하기 위해 화학 계면활성제가 첨가되지 않은 레이블엠의 제품으로 클렌징하여 마무리하고 있다.

두피·모발관리 본인의 두피나 모발의 상태를 확인할 수 있도록 전문 장비로 정확하게 진단하고 있다. 이 진단을 통해 고객에게 필요한 시술이 무엇인지 파악하고 제안하여 각각의 고객에게 맞춤형 헤어케어 서비스를 제공하고 있다. 헤어케어 제품으로는 허브와 한방이 결합된 영국 최신 제품을 사용한다. 주로 1시간 ~ 1시간 30분에 걸친 헤어케어는 총 14단계의 체계적인 단계를 거쳐 꼼꼼하고 확실한 서비스를 제공하고 있다.

네일 건조할 필요가 없는 최신 컬러젤을 사용해 네일 케어를 받은 후 장시간 대기할 필요가 없으며, 완전 건조되기 전 고객의 실수에 의한 스크레치로부터 네일을 보호할 수 있다. 풋스파를 설치해 네일케어를 받는 고객의 만족도를 높이는 서비스를 제공한다.

웨딩 전문 웨딩팀을 구성하여 단 한번의 결혼식이 최고의 순간으로 영원히 기억될 수 있도록 고객의 피부 상태와 피부 톤, 얼굴형, 헤어 스타일 등 세심하고 디테일한 관리를 진행하고 있다. 신랑, 신부뿐 아니라 혼주 모두를 만족시키기 위해 여유롭게 준비할 수 있도록 100% 예약제를 시행하고 있으며 독립형 웨딩 서비스룸을 운영하고 있다. 다른 고객과의 접촉을 최소화하여 차분한 분위기에서 결혼식을 맞이할 수 있도록 최선의 서비스를 준비하고 있다.

송주 원장 ●

영국에서 살롱을 운영하다 토니앤가이를 한국에 도입하는 데 큰 역할을 한 송주 원장은 토니앤가이를 말할 때 항상 회자되는 인물이다.

송주 원장은 영국에서 살롱을 경영하며 처음 만난 토니앤가이가 마치 떠오르는 태양처럼 글로벌 브랜드로서의 가능성과 기대감이 높았기 때문에 한국에 론칭했다고 설명한다.

또한 토니앤가이는 헤어디자이너에게만 프랜차이즈를 허락한다는 것에도 강한 자부심을 나타냈다.

고객 니즈 알아야 진정한 프로페셔널
새 트렌드에 대한 신속한 교육 '장점'

송주 원장은 "새로운 트렌드를 빠르게 접하고 교육을 받기 때문에 디자이너로서의 역량을 발전시키고 고객에게 수준 높은 서비스를 제공하는 것이 토니앤가이의 경쟁력"이라며 "트렌디한 직업을 가지고 있는 미용업에서 새로운 트렌드를 빠르게 접할 수 있다는 것은 큰 강점"이라고 강조했다.

다양한 인종의 고객이 방문하는 토니앤가이 청담 본점의 특성상 헤어 디자이너들이 수준을 더 높이기 위해 다양한 분야의 공부를 해야 한다는 송주 원장은 "정직과 성실의 자세로 단순히 자르는 기술이 아니라 고객의 니즈에 부합하는 스타일을 연출할 수 있어야 진정한 프로페셔널이라 할 수 있다"며 "헤어 디자이너들이 창의적인 생각을 할 수 있도록 교육에 대한 기회를 꾸준히 만들어 줄 것"이라고 말했다.

하지송 헤어월드

'명성 품격'의 토털 뷰티 스타일링 제공

Manpower

원 장	하지송
디 자 이 너	전보미, 박정란
피부관리실장	엄아사

Info

- **영업시간** 오전 10시~오후 6시(화요일, 금요일 휴무)
- **연 락 처** 02-324-6306
- **주 소** 서울시 마포구 연남동 224-26호 대웅빌딩 2층
- **홈페이지** www.hagisong.com
- **찾아가기** 서울 지하철 2호선 홍대입구역 2번 출구로 나와 수협중앙회 앞 횡단보도를 건너 양화로 방향으로 약 100m 도보 후 우회전해 약 700m 도보

하지송 헤어월드는 토털 관리 숍으로 고객감동을 넘어 '고객 졸도 서비스'를 선사한다.

서울 마포구 연남동에 위치한 하지송 헤어월드는 20년 역사를 자랑하며 단골고객 위주의 입소문을 통한 신규 고객들이 주로 방문한다. 또 인근의 연희동에 거주하는 고객들, 가족 단위 고객이 주 고객층이다.

고객 서비스는 고객이 만족과 감동을 받는 것에 그치지 않고 '졸도'할 정도로 서비스한다는 마인드로 토털 관리 서비스에 중점을 둔다. 하지송 헤어월드에서는 헤어스타일만 시술해주는 것이 아니라 피부, 메이크업, 코디까지 제안해 토털 패션 스타일을 완성해준다.

고객 한명 한명에 제대로 된 서비스 하지송 헤어월드의 차별화 전략은 '명성 품격'을 지향해 명성에 걸맞은 가격을 받고, 많은 고객을 맞이하는 것보다 한 명 한 명에 제대로 된 서비스를 통해 완벽한 전체 스타일링을 해준다. 또 시술 가격을 고가로 책정하고 예약

제로로 운영하기 때문에 원장 및 디자이너는 시술 시간을 배분할 수 있고 시술의 질이 높아진다.

토털 스타일 관리를 추구하다 보니 고객과의 상담에 많은 시간을 할애하고 시술 시간도 길어 고객이 오랜 시간 숍에 머무르기 때문에 고객과의 친밀도가 높다. 고객에게 어울리는 헤어, 메이크업, 패션 등을 꼼꼼히 조언해 주고, 제시해주기 때문에 고객 만족과 신뢰도가 높다.

고객 관리는 1년에 네 번, 시즌마다 전 고객에게 마음을 담아 선물을 증정한다. 단골 고객이 많기 때문에 평소 가족처럼 생각하며 애경사, 기념일 등을 챙기는 등 정성을 쏟는다.

하지송 헤어월드는 하지송 원장, 전보미 · 박정란 디자이너, 엄아사 피부관리실장 등이 근무한다. 디자이너 교육시스템은 하지송 원장이 직접 시술 및 서비스 교육을

진행한다. 또 신제품, 신기술에 대한 교육을 수시로 진행한다.

하지송 원장은 헤어월드와 함께 뷰티아카데미를 경영하고 있다. 뷰티아카데미는 정확한 베이직, 스파르타식 시험교육으로 기능장 교육, 커트와 펌 특강, 업스타일, 메이크업 교육, 월드 작품, 헤어쇼 지도, 미용실 원장을 대상으로 하는 재교육센터로 운영하고 있다.

하지송 헤어월드의 경쟁력

커트 기하학적인 커트, 비대칭 커트를 통해 나이에 구애받지 않고 고객의 얼굴형에 어울리는 헤어스타일을 제시해 준다.

펌 머릿결 손상을 최소화하는 노하우를 적용해 일반 펌, 디지털 펌 등을 제공한다.

컬러 천연 염색 제품을 사용해 천연 컬러 시술을 하고 있다. 탈색을 많이 한 고객에게도 천연 염색으로 마무리해준다.

두피 · 모발관리 두피관리 1급 자격증을 취득한 기술을 바탕으로 두피 가려움증, 특이성 두피 등의 문제를 개선하고 건강한 두피 및 모발을 유지하도록 관리해준다.

피부관리 · 메이크업 20년 이상 경력을 가진 피부관리실장을 필두로 경락, 세분화된 피부관리 및 전신관리 등을 진행한다. 메이크업은 애경사나 기념일 등 TPO에 맞게 연출해준다.

1978년도부터 미용을 시작한 하지송 원장은 고객과의 철저한 신뢰를 바탕으로 '고객 졸도 서비스'를 지향한다.

고객과의 신뢰를 한 번도 저

미용 통해 '맹자 인생 3락' 얻어
다양한 미용 활동 펼치는 '미용장'
미용자원봉사회장 맡아 봉사도 열심

버린 적이 없다는 그는 최근에는 고객감동을 넘어선 고객 졸도 서비스를 도입해 예약을 한 고객에 한해 토털 뷰티 스타일링을 제공하고 있다.

하지송 원장은 "미용을 시작할 때부터 맹자의 인생 3락(樂)을 좌우명으로 삼아 열심히 배워 즐거움을 찾고, 제자 양성을 통해 가르치는 것에서 즐거움을 얻고, 인생을 알고 제대로 즐기는 것을 통해 삶의 행복을 찾으려 노력하고 있다"고 말했다.

그는 "헤어숍에서 헤어 시술만 하는 것이 아니라 피부, 메이크업, 패션 등 토털 스타일을 코디, 관리해준다"며 "고객들이 실력을 인정해주고 믿고 맡겨 주기 때문에 다른 살롱과는 차별화된 전략"이라고 밝혔다.

하 원장은 하지송 헤어월드와 뷰티아카데미 재교육센터를 운영하면

서 미용장 교육, 커트, 펌, 업스타일, 메이크업 교육과 미용실 원장 대상 재교육을 실시하고 있다.

또한 대한미용사회중앙회 기술강사, 미용장, 미용 및 경영 석사 과정 수료 등 화려한 경력을 바탕으로 현재 대학 및 전국 세미나 강의, 미용장 교육 등을 통해 후학 양성에 힘써 보람을 느끼고, 미용업계의 발전과 항상 새로움을 추구하고 있다.

하 원장은 "헤어숍 운영과 그 외 다양한 미용 관련 활동을 하기 위해서는 자기관리도 잘 해야 한다"며 "나 스스로 잘 가꾸고, 신앙생활도 하면서 노력하고 있다"고 말했다.

이어 "하늘은 스스로 돕는 자를 돕는다는 말처럼 최선을 다한 삶은 항상 아름답다"며 "현재 한국미용자원봉사회장을 맡고 있는데, 뜻을 같이하는 미용인들과 자원봉사를 하고 싶다"고 덧붙였다.

하지송 원장은 미용기능장, 경희대학교 경영학과 졸업, 이화여대 미용최고지도자과정 · 일본 동경 미용전문학교 · LA 비달사순 미용학교 · 뉴욕 징글스 미용학교 등 수료, 해외 대회 다수 출전 및 수상, 각종 대회 심사위원 등을 역임하고 현재 하지송 헤어월드 및 뷰티아카데미 경영, 대한미용사회중앙회 기술강사, 이화여대 최고지도자과정 지도교수 등으로 활동하고 있다.

박준뷰티랩 부산 서면2호점

차별화된 공간 · 인적 구성 … 최상의 서비스 제공

박준뷰티랩 부산 서면2호점

Manpower

부 지 사 장	박진성
실　　　장	유진
교 육 실 장	정인
교 육 팀 장	진
수석디자이너	유연
스타일리스트	나래

Info

- **영업시간** 오전 10시~오후 11시(2교대)
- **연 락 처** 051-807-1170
- **주　　소** 부산광역시 부산진구 부전동 170-21번지 2~3층
- **홈페이지** www.parkjun.com
- **찾아가기** 쥬디스 태화에서 CGV 방면으로 직진,
　　　　　　부산은행 사거리 부산은행 맞은 편

박준뷰티랩 부산 서면점

Manpower

지 사 장	김영만
원　　　장	강성기
점　　　장	정현주
실　　　장	정지은
팀　　　장	로니
디 자 이 너	햇님

Info

- **영업시간** 오전 10시~오후 10시30분(2교대)
- **연 락 처** 051-807-1009
- **주　　소** 부산광역시 부산진구 부전동 490-8
- **홈페이지** www.parkjun.com
- **찾아가기** 부산 지하철 1,2호선 서면역 7번 출구에서 아이언시티 맞은 편

박준뷰티랩 부산 서면2호점은 대형 쇼핑센터인 밀리오레와 멀티플렉스 영화관 CGV 인근의 상가밀집지역으로 다양한 연령층의 유동인구가 많은 부산 최고의 상권에 위치했다.

박준뷰티랩 부산 서면2호점은 부산 · 울산 · 경남 지사에서 직영점으로 운영하고 있다.

2, 3층 264m²(80평) 규모의 대규모 헤어살롱으로 내부는 화이트&아이보리 컬러로 깔끔하고 고급스러운 분위기를 연출했다.

2층은 헤어서비스를 받을 수 있는 공간으로 특히 샴푸실은 넓고 편안한 분위기로 고객들에게 편안함을 줄 수 있는 공간으로 구성되었다.

3층은 원목을 이용해 고급 커피전문점의 분위기를 연출했다. 네일바를 비롯해 메이크업과 VIP 공간을 만들었으며, 흡연실을 별도로 마련했다. 여기에 최고급 원두커피는 물론 다양한 음료를 제공하는 '카페 뷰티랩'은 박준뷰티랩 부산 서면2호점만의 차별화된 서비스 공간이다.

'박준학과' 통해 인력 수급 … 질 높은 교육 실시 부산 최고의 상권에서 최고의 헤어살롱으로 자리 잡은 박준뷰티랩 부산 서면2호점의 가장 큰 경쟁력은 인력 구성과 강력한 교육에서 찾을 수 있다.

많은 헤어살롱들이 구인난에 어려움을 겪고 있으나 박준뷰티랩 부산 서면2호점은 부산 경남정보대학교 박준학과를 졸업한 학생들을 원활하게 지원받아 디자이너 1명에 스태프 2명의 구성으로 고객들에게 질 높은 서비스를 제공하고 있다.

부산 경남정보대학교 박준학과를 비롯해 미용대학교를 졸업한 학생들을 우수한 디자이너로 양성하는 PJA 교육프로그램도 빼놓을 수 없는 경쟁력이다. PJA 교육프로그램은 미용대학교를 졸업한 인턴을 대상으로 미용 이론과 기본 기술, 응용과정을 5단계에 걸쳐 체계적으로 교육한다.

또한 디자이너들을 대상으로 박준뷰티랩 본사에

서 진행하는 동일한 커리큘럼의 기술교육을 진행하고 있다. 소수의 인원으로 진행되는 디자이너 기술교육은 업스타일, 커트, 컬러, 트렌드 등 전 부문에 대해 집중도 높은 교육을 실시하고 있다.

여기에 부산·울산·경남지사에서 월 2회 각 직원별 맞춤 기술교육을 진행하며, CS 전문강사가 서비스 교육도 월 2회 병행해 교육하고 있다.

최고 제품 사용 … 다양한 프로모션 전개 박준뷰티랩 부산 서면2호점은 우수한 기술력과 차별화된 고객 서비스, 최고의 제품 사용으로 고객 만족을 실현하고 있다.

우선 고객이 헤어살롱에 들어오면 담당 디자이너가 무릎을 꿇고 고객의 눈높이에서 상담을 진행하며 신뢰도를 높인다.

이와 함께 천연염모제 와칸 제품으로 시술하고 있으며, 헤어케어와 스타일링은 세바스찬 브랜드를 사용하고 있다. 특히 로레알, 웰라, 폴미첼, 일본의 호유 등 검증된 최상의 펌제와 염모제를 사용해 고객의 신뢰도와 만족도를 동시에 높였다.

부산·울산·경남지사에서 직영점으로 운영하는 박준뷰티랩 부산 서면2호점의 홍보, 마케팅 전략은 지사 본부에서 진두지휘하며 1+1(동반 1인 30% 할인), 2가지 이상 시술 시 20% 할인, 네일바 50% 할인 등 다양한 프로모션을 전개하고 있다.

이외에도 계절에 맞춰 프로모션을 진행하고 월 단위로 특정 프로그램 할인 프로모션을 진행하는 등 고객들에게 많은 혜택이 돌아갈 수 있는 마케팅 툴을 진행하고 있다.

김영만 부산·울산·경남지사장

박준뷰티랩 부산 서면점과 서면2호점을 운영하는 김영만 지사장은 직원들이 박준뷰티랩 부산 서면2호점을 평생직장으로 생각하고 전문 직능인으로 자부심을 가지고 일할 수 있는 헤어살롱을 지향하고 있다.

자부심 갖고 일하는 평생직장 만들 것
미용관광 외국인 유치 마케팅 계획 중

김영만 지사장은 "많은 프랜차이즈 헤어살롱 중 박준뷰티랩을 선택한 이유는 국내 최고의 브랜드로 프로페셔널과 인재 양성에 최적화된 시스템을 구축하고 있기 때문"이라며 "직원들도 부산 최고의 상권에서 최고 브랜드의 일원으로 최고의 기술로 최고의 서비스를 제공하는 점에 많은 자부심을 가지고 있다"고 강조했다.

이어 그는 "헤어살롱에서 직원들의 이직률이 높은 것은 아직도 교육과 복지, 비전이 부족하기 때문"이라며 "앞으로 직원들과 함께 교육, 복지, 비전에 대해 함께 연구하고 공유하면서 헤어살롱도 평생직장이 될 수 있다는 자부심을 가질 수 있도록 할 것"이라고 말했다.

국내를 방문하는 외국인 관광객이 증가함에 따라 박준뷰티랩 부산 서면2호점은 미용을 위해 부산을 찾는 외국인 관광객을 대상으로 프로모션을 계획 중이다.

김영만 지사장은 "최근 부산에도 성형외과와 피부과, 스파, 피부미용 등 미용관광을 즐기는 외국인 관광객이 증가하고 있다"며 "외국인 관광객 유치를 위해 여행사와 공동으로 미용관광 연계 프로그램을 계획하는 등 다각도로 마케팅 계획을 세우고 있다"고 전했다.

박준뷰티랩 부산 서면점과 부산 서면2호점을 부산을 넘어 국내 최고의 헤어살롱으로 성장시키겠다는 김영만 지사장은 "직원들이 가슴으로 느끼고 고객에게 진실되게 서비스할 수 있도록 앞으로 인성과 서비스 교육 강화에 나설 방침"이라며 "박준뷰티랩 부산 서면점과 부산 서면2호점이 박준뷰티랩을 대표하는 별이 될 수 있도록 노력할 것"이라고 포부를 밝혔다.

이원희 헤어코디

 이원희 원장

후배 위한 멘토 역할에 남은 미용인생 투자할 것

부산시 금정구 구서동에 위치한 이원희 헤어코디는 1000여 명이 넘는 단골고객이 찾는 헤어살롱으로 유명하다.

단골고객이 절반 넘어 주변에 부산 지하철 구서역과 이마트, 대형 아파트 단지가 있어 유동인구가 많지만 이원희 헤어코디의 주 고객층은 강산이 세 번을 변하는 시간이 흘렀음에도 변치 않고 찾아오는 30년 단골고객으로, 이런 단골고객이 50% 이상을 차지하고 있다.

30년 이상의 단골고객이 많은 이원희 헤어코디는 이제 할머니와 손자, 손녀가 함께 대를 이어 찾는 헤어살롱으로 유명세를 더하고 있다.

이처럼 단골고객이 많은 이원희 헤어코디의 비결은 바로 이원희 원장의 경영철학에서 찾을 수 있다.

이원희 원장의 경영철학은 '변하지 않는 마음으로 고객을 대하는 것'이다. 즉 모든 고객을 가족처럼 따듯하고 진실된 마음으로 대한다는 것이다.

이원희 원장은 "헤어디자이너가 돼서 친구 아들의 머리를 처음 잘라줄 때 친구가 한 말을 아직도 가슴에 새기고 시술을 한다"며 "그 때 그 친구가 나에게 해줬던 말은 '내 아들의 머리를 자른다는 생각으로 정성을 다해 시술해 달라'는 것이었다. 이 한마디가 고객을 가족으로 대하며 미용인으로 롱런할 수 있는 힘의 원천"이라고 말했다.

변치 않는 마음으로 고객 응대
가족처럼 고객 대해줘야 롱런

"손 안에 나의 모든 재산이 들어 있다" 대한미용사회중앙회 기술강사와 부산광역시 금정구지회장으로도 활발히 활동하고 있는 이원희 원장은 '손안에 나의 모든 재산이 들어 있다'고 말할 정도로 미용에 대한 열정과 기술력은 젊은 미용인들의 롤 모델이 되고 있다.

이원희 원장은 "경찰공무원인 남편을 모델로 공부하고 실습하며 기술을 쌓아 왔다. 남편의 적극적인 외조가 미용인으로 성장하는 데 많은 도움이 됐다"며 "과거에는 국내외 미용대회에 나가기 위해서 물질적, 시간적 어려움을 많이 겪으며 어렵게 공부하고 기술을 쌓았다"고 말했다.

이어 "지금도 부산 지역에서 전국대회나 지방대회에 출전하는 선수들을 지도하고 있는데, 요즘 젊은 후배들은 배움에 대한 열정이 부족한 것 같아 안타깝다"지적하며 "올림픽 등 국가를 대표해 나가는 선수들은 모두가 피땀을 흘려 노력한다. 미용도 국가대표 선수로 나간다는 마음으로 노력하고 공부해야 개인과 미용산업 모두가 발전할 수 있다"고 강조했다.

미용인 육성에 온힘 쏟아 동아대학교 산업대학원 미용과 출강을 시작으로, 부산여대 미용학과, 대동대학교 피부미용학과 등에서 강의하며 미용과 후배들의 발전을 위해 전문적인 미용인 육성에 힘을 기울이고 있다.

이원희 원장은 "최근 건강의 문제로 많은 후배들을 가르치지는 못하지만 아직도 헤어에 관한 모든 것은 백과사전처럼 가르칠 수 있다"고 자신하며 "미용에 재능이 있는 어린 후배들이 미용인으로 꿈을 펼칠 수 있도록 멘토 역할에 남은 미용 인생을 투자할 것"이라고 강조했다.

대한미용사회중앙회 기술강사와 부산광역시 금정구 지회장을 맡아 더 많은 책임감을 가지고 공부하며 회원들의 권익 보호에 나서고 있는 이원희 원장은 "2시간 동안 회원들에게 신기술을 교육하기 위해서 20시간을 준비해야 한다"며 "다른 사람들에 앞서 먼저 솔선수범하고 노력하는 자세로 회원들과 기술을 공유하고 회원들

미용사회 기술강사 · 금정지회장 활동
미용산업 발전 여건 조성에 헌신할 것

의 업소가 안정적으로 성장할 수 있도록 노력할 것"이라고 말했다.

미용의 길을 걸으며 좋은 공간에서 좋은 사람들과 인연을 맺어준 미용은 요술방망이와도 같다는 이원희 원장에게 미용은 천직이라 할 수 있다.

다시 태어나도 미용인의 길을 걸으며 후배들을 가르치는 미용 선생님의 길을 가고 싶다는 이원희 원장의 마지막 목표이자 소원은 미용사법 제정을 위해 모든 노력을 다하는 것이다.

이원희 원장은 "과거에는 미용이 사회적으로 인정을 받지 못하는 직업이었지만, 이제는 세계대회에서 우리나라가 기술력으로 인정받는 미용 강국으로 성장했다"며 "후배들이 더 좋은 환경에서 미용의 길을 걸으며 산업을 발전시킬 수 있도록 미용사법 제정에 모든 노력을 다할 것"이라고 말했다.

이어 그는 "이용업의 경우 1970년대부터 산업이 내

리막을 걸으며 현재 후배들이 어려운 시기를 보내고 있다. 이는 후배들이 좋은 환경에서 일하고 배울 수 있는 기반을 만들어 주지 못한 선배들의 책임이 크다"며 "미용사법 제정을 위해 미용인 모두의 힘을 모아 후배들에게 새로운 환경과 새로운 역사를 물려줘야 한다"고 강조했다.

이원희 원장

- 1997년　부산대학교 교육대학원 여성지도자과정 수료
- 1986년　I.B.S 경남예선대회 커트 금상
- 1988년　I.B.S 뉴욕 한국선수선발대회 토털부문 은상
- 1989년　I.B.S 뉴욕 한국 국가대표 출전
- 1990년　한국기능관리공단 미용면허시험 감독위원 위촉
- 1992년　대한미용사회중앙회 기술강사 위촉
- 1993년　I.B.S 뉴욕 한국선수선발대회 심사위원 위촉
- 1999년　동아대학교 산업대학원 미용과 출강
- 2000년　HAIR DESIGN and VISAGISM 공저
- 2000년　부산여자대학교 미용학과 출강
- 현　재　대한미용사회 부산시 금정구지회장
　　　　　대동대학교 피부미용학과 출강

Info

- **영업시간**　100% 예약제
- **연 락 처**　051-512-3621, 051-512-7600
- **주　　　소**　부산광역시 금정구 구서1동 774-1
- **찾아가기**　롯데캐슬 2단지 503동 앞

최진아미용실

공부·연구하는 자세 잃지 않는 '미용연구가'

최진아 미용실을 운영하고 있는 최진아 원장은 부산시 영도구 지역에서 33년 동안 헤어살롱을 운영한 터줏대감이다. 최진아 미용실이 위치한 영도구 남항동 지역은 전통 시장과 상가, 유흥가가 밀집해 유동인구가 많은 영도구의 중심지이다. 1990년대 초반까지는 젊은 여성 고객들이 주 고객층을 이뤘지만, 부산에 신도시 개발과 상권이 분산되면서 최근에는 20대부터 60대까지 다양한 고객층이 헤어살롱을 찾고 있다.

최진아 미용실은 경대 주변을 원목으로 꾸며 고객들의 눈의 피로도를 낮췄으며, 화이트 컬러를 기본으로 레드 컬러로 포인트를 준 인테리어가 눈길을 끈다.

"헤어살롱의 기본은 기술력" 다양한 연령의 고객이 방문하는 최진아 미용실은 최진아 원장이 직접 시술하며 우수한 기술력으로 모든 고객에게 어울리는 맞춤 헤어스타일을 제공한다.

최진아 원장은 "최근 헤어살롱에서 서비스 부문이 강조되고 있지만 헤어살롱의 가장 기본은 기술력"이라고 강조하면서 "아무리 좋은 서비스를 제공해도 헤어스타일에 만족하지 못한 고객은 재방문을 하지 않는다"고 설명했다.

33년 동안 고객들을 시술하면서 이제 고객의 눈빛을 보기만 해도 만족도를 알 수 있다는 최진아 원장은 "시술 이전에 모발 상태와 헤어스타일 등 상담에 많은 시간을 들여 고객이 원하는 헤어스타일을 제안하고 시술하기 때문에 고객 만족도가 높다"고 말했다.

기술 발전 위해선 시간·노력 필요
목표의식 갖고 꾸준히 나가야 성공

미용사법 제정, 미용인의 꿈·소망
미용인 권리 찾기 위해 한마음돼야

최진아 원장의 명함에는 '미용연구가'라는 독특한 직함이 있다. 최진아 원장은 "항상 공부하고 연구하는 자세를 잊지 않기 위해 내 자신에게 스스로 그렇게 직함을 붙였다"며 "헤어스타일과 트렌드가 항상 바뀌고 고객들에게 먼저 헤어스타일을 제안하기 위해서는 끊임없이 연구하고 공부하는 자세가 중요하기 때문"이라고 설명했다.

대한미용사회중앙회 기술강사로, 또 부산광역시 영도구지회장으로 활동하고 있는 최진아 원장은 공부하고 연구하는 미용인으로도 유명하다.

 최진아 원
장은 "새로운 기술을 배우기 위해 세미나 참가 등을 제
외하면 20대에 미용을 시작해 아직까지 헤어살롱의 문
을 닫고 쉬어 본 적이 없다"며 "기술강사로서 회원들에
게 내가 가진 지식과 기술, 경험을 알려주기 위해 세미
나를 진행하며 회원들의 발전은 물론 내 자신도 공부하
고 연구하며 발전한다고 생각한다"고 말했다.

최진아 원장은 헤어살롱에서 사용할 수 있는 현장감
이 살아 있는 세미나 진행으로 회원들 사이에서 인기가
높다. 최진아 원장은 "모든 연령층에게 시술할 수 있는
업스타일과 아이롱 펌에 대한 세미나에 회원들의 관심
이 높다"며 "열심히 준비한 세미나를 영도구지회뿐만
아니라 타 지역의 지회까지 다니면서 진행해 회원들의
업소가 발전하는 것에 많은 보람을 느낀다"고 밝혔다.

미용 공부와 연구에 꺼지지 않는 열정을 보이는 최 원
장은 젊은 후배들이 배움에 소홀한 것이 안타깝다고 말
한다. 특히 오랜 연습과 연구를 통해 습득해야 하는 업
스타일 부문에 젊은 미용인들이 힘들어 하지만 노력이
부족해서 완벽한 스타일을 만들지 못한다고 지적한다.

최진아 원장은 "열 번을 듣는 것보다 한 번을 보는것
이 중요하고, 열 번을 보는 것 보다 한 번을 실천해 내 것
으로 만드는 것이 중요하다"고 강조하며 "다른 미용인
의 우수한 기술을 자신의 기술로 만들기 위해서는 많은
시간과 노력의 투자가 필요하다"고 설명했다.

L.A 비달 사순 커트 부문 수료, 일본 다까라미용학교
커트 부문 수료 등 해외에서 미용기술을 연마한 최진아
원장은 "해외에서 미용기술을 배우는 것은 기술력을 향
상시키고 미용에 대한 시각을 넓힐 수 있는 기회"라며
"젊은 미용인들이 국내보다 넓은 해외로 나아가 할 수
있다는 자신감을 가지고 공부한다면 자신은 물론 국내
미용산업 발전에 큰 도움이 될 것"이라고 말했다.

하지만 최진아 원장은 무작정 시간과 노력을 투자하
는 것은 기술 발전에 도움이 되지 않는다고 조언한다.
그는 "미용을 천직이라고 생각을 하고 도전해야 성공할
수 있다. 무작정 묻지마식으로 시간과 노력을 투자해서
는 성공할 수 없다"며 "꼼꼼히 계획을 세우고 확실한 목
표의식 속에서 꾸준히 노력한다면 미용인으로 성공의
길이 보일 것"이라고 강조했다.

 미용에 대한
꺼지지 않는 열정으로 활발한 행보를 걷고 있는 최진아
원장은 남은 미용 인생의 포인트를 봉사와 희생으로 방
점을 찍었다.

영도구지회장으로 지회 회원들과 함께 매월 1회 구청

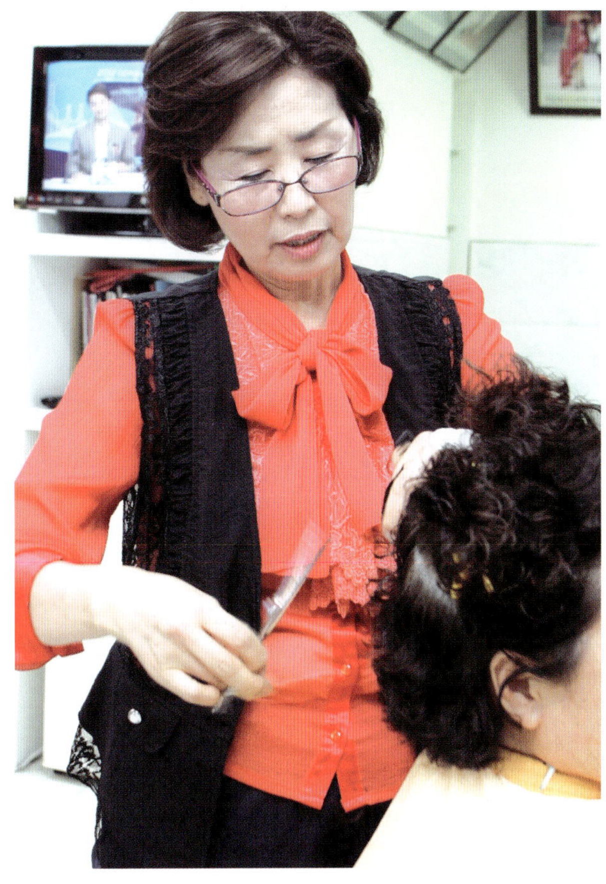

위생과와 연계해 지역의 양로원을 찾아 봉사활동을 펼
치고 있는 최진아 원장은 미용사법의 필요성을 설명하
며 목소리를 높였다.

최진아 원장은 "미용사법의 제정은 모든 미용인의 꿈
이자 소망"이라며 "미용사법은 미용인의 권리를 찾기
위한 법으로 같은 길을 걷고 있는 모든 미용인이 단결된
목소리를 내야 한다"고 말했다.

이어 "미용 인생을 정리하는 단계에 서 있는 선배 미
용인들이 떠오르는 태양과 같은 후배들에게 미용사법
제정이라는 큰 선물을 안겨줄 수 있도록 한마음 한뜻으
로 달려야 한다"고 강조했다.

최진아 원장 ●━━━━━━━━━━━━━

- I.B.S 뉴욕 한국선수 선발대회 금상
- I.B.S 뉴욕 한국 국가대표 출전
- L.A 비달 사순 커트 부문 수료
- 미용사 면허시험 감독관
- 일본 다까라미용학교 커트 부문 수료
- 현재 대한미용사회 부산광역시 영도구지회장

Info ●━━━━━━━━━━━━━━━━

- **영업시간** 오전 9시~오후 8시
- **연 락 처** 051-416-6878
- **주   소** 부산광역시 영도구 남항동 1가 156-1
- **찾아가기** 남항동 영도우체국 맞은 편

오무선미용실 프라자점

인테리어·기술·서비스 조화된 프리미엄 살롱

Manpower

헤드 마스터 권민경
마 스 터 오혜영
디 렉 터 임수현, 조소영, 권대연, 이현숙
스타일리스트 박은정
메이크업아티스트 백민경

Info

- **영업시간** 오전 10시30분~오후 8시
- **연 락 처** 053-428-3223
- **제휴카드** 대백, 신세계 상품권 사용 가능
- **주 소** 대구광역시 중구 대봉동 214 대백프라자 11층
- **홈페이지** www.ohmoosun.co.kr
- **약 도**

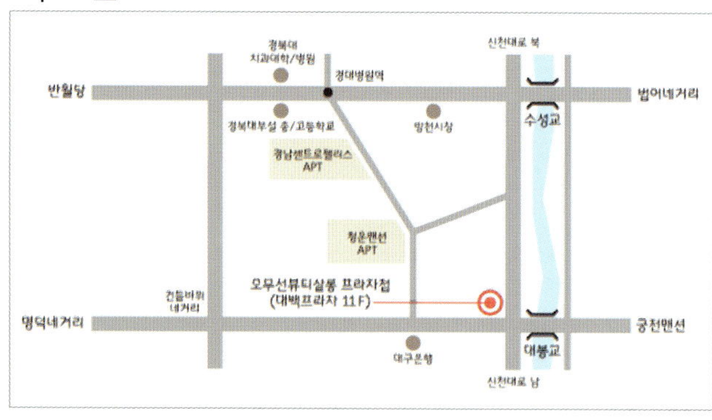

오무선미용실은 범어점, 대백점, 대곡점, 만촌점, 프라자점, 아크로타워점, 계명점 등 대구 시내에 7개 매장이 운영되고 있다.

대백프라자 내에 위치한 오무선미용실 프라자점은 대구의 상위권 고객이 많이 찾는 백화점에 위치한 프리미엄 살롱으로 백화점과 유사한 고객층을 보유해 상호 윈-윈하며 안정된 영업을 펼쳐나가고 있다.

'갤러리' 콘셉트 인테리어 돋보여 특히 대백프라자의 VIP인 애플고객을 대상으로 할인 혜택을 제공하는 것은 물론 시즌별, 계절별로 열리는 백화점 행사에 동참하고 백화점 패션쇼나 마케팅 등에도 참여함으로써 백화점과 신뢰와 배려의 관계를 형성하고 있다.

오무선미용실 프라자점은 미술 작품과 비디오 아트 등을 전시해 전체적으로 갤러리를 콘셉트로 꾸며 차분한 분위기를 연출했다. 인테리어에 많은 공을 들인 오무선 대표는 하드웨어와 소프트웨어가 모두 갖춰져야 이상적인 경영을 할 수 있다고 말한다. 이에 따라 거울과 의자가 대부분의 공간을 차지하는 기존 살롱과 달리 오무선미용실 프라자점은 트인 공간보다 개인 공간과 휴게 공간을 많이 구성했다.

또한 헤어스타일 연출컷이나 제품 포스터 등보다는 고객을 위해 작품을 전시, 대기하는 동안 오무선 대표가 직접 구입한 작품이나 인테리어 소품을 하나하나 감상하며 눈이 심심하지 않게 고객들이 여유를 갖고 휴식하는 공간으로 꾸며졌다.

고객에 다양한 문화 혜택 제공 예술을 사랑하는 오 대표는 VIP 행사도 문화행사로 치르고 있다. 백화점의 공연장을 빌려 음악회나 오페라 등을 자체적으로 개최할 계획이며 올 가을에는 테이블 세팅 클래스도 진행할 예정이다. 오 대표는 오무선미용실의 고객은 수준이 높아 어설픈 서비스보다는 방문했을 때 잘 해주고 문화 혜택으로 고객에게 감사의 마음을 표현하고 있다고 설명했다.

몸이 따라주는 한 테크니션으로 머물고 싶다는 오 대표는 일주일에 3일 2개 지점에 나가 직접 고객에게 시술을 제공한다. 7개의 매장과 아카데미 경영으로 몸이 열 개라도 부족하지만, 현장에 나와 꾸준히 고객을 대함으로써 교육에 현장감을 더할 수 있고 직원들과의 교감도 높이지기 때문이다.

직원 대부분이 제자 … 기술 뛰어나고 분위기 좋아 또한 직원 대부분이 오 대표의 제자로 구성돼 있는 오무선미용실은 신뢰가 두텁게 형성돼 있다. 대학과 아카데미에서 강의하는 한편 기능장 교육을 진행하고 있는 오무선 대표는 "선생으로서 제자들이 든든하고 사랑스럽다"면서 "일일이 간섭하지 않아도 스스로 잘하는 어린 스태프들을 보면 흐뭇하고 오무선미용실이 앞으로 박차고 나아갈 수 있는 에너지를 느낀다"고 말한다.

더불어 오무선미용실의 직원들은 오무선뷰티컴퍼니의 가족이라는 자부심을 갖고 일해 이직률이 낮고 만족도가 높은 편이다. 이는 직원들이 필요로 하는 급여, 기술 습득에 대한 욕구, 복지, 미래 안정성 등을 충족시켜주기 때문이다.

오무선미용실은 사내 강사를 마련해 체계적인 교육을 진행하고 있다. 이러한 시스템 덕에 배우고자 찾아오는 직원들이 있을 정도다. 보통 기술에 초점이 맞춰 있는 미용 교육과 달리 테크닉, 영업 및 마케팅, 서비스와 고객 관리 등의 인성 교육으로 나눠 진행된다.

오무선 대표 ●

오무선뷰티컴퍼니를 통해 살롱과 아카데미 사업을 이끌고 있는 오무선 대표는 미용인들이 단순한 기능직에서 벗어나

처음 마음으로 힘든 현장 이겨내야 계명문화대에 오무선뷰티전공 개설

더 크게 성숙해야 한다고 강조한다.

오 대표는 "살아가면서 인생을 터득하는 나이가 있듯, 미용도 받아들이는 시기가 있다"며 "미용을 시작하며 품었던 대단한 생각과 마음으로 힘든 현장을 이겨내는 것이 필요하다"고 말했다. 이어 "나 역시 현장의 어려움을 이겨내고 미용계에 입문한 이후 언제나 한계에 도전하고 혁신적으로 변화해 왔다"며 "아직까지도 하고 싶은 것이 많이 남아 있다"고 전했다.

언제나 도전하는 오 대표는 교육 현장과 실무를 오가며 자신만의 교육 체계를 구축, 내년 3월부터 계명문화대학 기업브랜드학부에 30명 정원으로 자신의 이름을 내건 오무선뷰티전공 개설을 확정했다.

특히 오무선뷰티전공은 실무 중심의 교육과 현장 실습을 겸하며 2년 과정이 모두 경력으로 인정돼 졸업생은 모두 오무선미용실에서 근무하는 이상적인 시스템으로 벌써부터 학생들의 문의가 이어지고 있다.

테크니션으로서 기술을 갖고 그것을 발휘해 자신의 가치를 인정받아야 한다는 오무선 대표는 "단순히 손만 키워서는 온전히 발전하는 것이라 말할 수 없다"며 "마음이 커서 자신이 하는 일을 머리가 알고 손이라는 도구로 감각적으로 표현돼야 비로소 고객에게 아트나 기술로 전달되는 것"이라고 강조했다.

헤어시티 갈색머리

'미용장 헤어살롱' … 고객들, 기술 높이 평가

Manpower

원　　　장　엄둘자
디 자 이 너　추둘선

Info

- **영업시간**　오전 9시30분~오후 8시30분
- **연 락 처**　032-831-1631
- **주　　　소**　인천시 연수구 옥련동 637-1 현대 4차 A상가 206호
- **찾아가기**　인천지하철 선학역 3번 출구에서 버스 8번, 16번, 9200번, 마을버스 65-1번, 521번, 523번 탑승, 옥련초등학교 앞 하차

헤어시티 갈색머리는 주거 위주의 계획도시로 인천시에서 개발한 연수구 옥련동에 위치해 있다.

대단위 아파트가 밀집한 상권의 특성상 30대 이상의 주부들과 학생층이 주고객을 이루는 헤어살롱으로 단골고객을 중심으로 100% 예약제로 운영되고 있다. 아파트 단지에 위치해 봄, 가을과 같은 이사철에는 신규 고객의 유입이 많은 것도 특징이다.

엄둘자 원장은 "헤어시티 갈색머리는 연수구에서만 13년 동안 운영해 단골고객이 많은 것으로 유명하다"며 "단골고객이 많지만 이사철에 신규 고객의 유입이 많아 아파트 단지에 홍보물을 비치하는 등 신규 고객 창출에 나서고 있다"고 말했다.

상세한 고객관리 … 신뢰도·친밀도 높여 헤어시티 갈색머리는 고객관리 프로그램을 활용해 고객들과의 친밀감과 신뢰도를 높이는 것도 특징이다.

엄 원장은 "일반적으로 헤어살롱에서 고객관리 프로그램을 통해 기념일 또는 프로모션 등의 내용을 문자로 발송하는 것이 대부분"이라며 "하지만 헤어시티 갈색머리에서 사용하는 고객관리 프로그램은 고객의 방문 일자와 서비스 받은 품목, 헤어 상태 등이 일목요연하게 정리된다"고 설명했다.

이어 "여성 고객들의 경우 커트를 제외하면 대부분 재방문하는 기간이 짧게는 2개월에서 길게는 3~4개월이다"며 "3개월 만에 재방문한 고객에게 3개월 전 시술 내용 및 헤어 상태에 대해 설명해 주고 상담을 진행하면 고객은 자신에게 관심을 가지고 있다는 것으로도 신뢰도와 친밀도가 높아진다"고 설명했다.

지역 내에서 헤어시티 갈색머리는 미용장이 운영하는 헤어살롱으로 명성이 자자하다.

엄 원장은 "같은 제품을 사용한 펌과 컬러도 전문지식과 기술력에 따라 차이가 난다"며 "미용장으로서 고객들에게 다른 헤어살롱과 차별화된 기술력으로 서비스하기 위해 노력하고, 고객들은 기술적인 면을 높이 평가해줘 자부심을 느낀다"고 강조했다.

엄둘자 원장은 6남4녀의 4자매가 모두 헤어살롱을 운영했던 미용 가족이다. 엄 원장은 "큰 언니가 미용을 시작하며 자매들이 모두 미용의 길로 들어섰

다"며 "현재 큰 언니와 둘째 언니는 현역에서 은퇴했지만, 저와 동생은 아직도 미용을 천직이라 생각하며 즐겁게 일하고 있다"고 말했다.

이용기능장도 취득 · 미용 봉사활동도 활발 엄둘자 원장은 미용인으로 이용기능장 자격증도 취득한 이색 경력의 소유자다.

엄 원장은 "많은 미용대회에 참가하며 실력을 쌓았고, 2002년 미용장에 합격한 이후 기능경기대회 심사위원으로 활동하게 됐다"며 "2006년부터 기능경기대회에서 경기 종목이 미용과 이용이 통합되면서 선수는 물론 심사위원도 미용과 이용의 이론 및 기술을 평가할 수 있어야 했다"고 말했다. 엄 원장은 "공정한 심사를 위해 이용 부문의 공부를 시작해 2006년 이용사자격증을 취득하고 이어 이용기능장까지 합격했다"고 설명했다.

엄 원장은 기능경기대회에 출전하는 선수들의 실력이 해가 갈수록 높아지기 때문에 선수들 보다 높은 눈높이에서 심사를 하기 위해 끊임없이 공부하고 노력해야 한다고 강조한다.

최근 사회적 나눔이 이슈가 되고 있는 가운데 미용은 가위와 빗만 있어도 봉사할 수 있는 것이 또 다른 매력이라는 엄둘자 원장은 한국마이스터연합회 부이사장으로 활동하며 미용기술을 통한 봉사활동에 나서고 있다.

엄 원장은 "물질적 기부뿐 아니라 재능기부도 많이 진행되고 있다"며 "대한미용사회 연수구지회 회원들과 매월 2회 사할린복지관과 청학복지관에서 미용 봉사를 하고 있으며, 상반기와 하반기 두 번에 걸쳐 인천의 도서 지역에 미용 봉사활동을 하고 있다"고 설명했다.

▲엄둘자 원장은 대한미용사회 연수구지회 회원들과 함께 정기적으로 미용봉사활동을 펼치고 있다.

미용전문직업학교 · 실버 헤어살롱 운영 '꿈' 미용장, 이용기능장, 대한미용사회 기술강사 · 이사, 전국기능경기대회 심사위원, 재능대학교 교육위원 등 화려한 이력을 자랑하는 엄둘자 원장은 이제 후학 양성에 포커스를 맞췄다. 엄 원장은 자신의 기술과 노하우를 전수해 목표의식을 가진 미용인을 배출할 수 있는 미용 전문직업학교를 설립하고 싶다고 전했다.

엄둘자 원장은 "재능대학교 교육위원으로 활동하며 후배들이 헤어살롱 현장에서 디자이너로 성장할 수 있게 돕고 있다"며 "하지만 최근의 후배들은 목표의식이 부족하다"고 지적했다. 이어 "미용은 기술이고 기능이기 때문에 자신이 몸으로 노력해서 배워야 비로소 숙련될 수 있다"고 강조했다.

한편 헤어살롱을 비롯해 모든 프랜차이즈 매장이 젊은 세대에만 집중해 실버 세대가 편안하게 서비스 받을 곳이 많지 않아 안타깝다는 엄 원장은 "60대 이후 실버 세대가 편안하게 방문해 헤어 서비스도 받으며 즐길 수 있는 실버 전용 헤어살롱을 오픈하고 싶다"며 "실버 세대에게 찻집과 사랑방 같은 편안함을 주는 실버 세대만을 위한 헤어살롱을 운영할 것"이라고 포부를 밝혔다.

박준뷰티랩 대전 둔산점

헤어스타일별 시술실 분리 … 집중 케어 제공

Manpower ●

원　　　장	장우순
부 원 장	김도연
스타일리스트	정미, 영선, 수연, 배은희, 주연, 시우, 함튼튼, 박유미, 효진, 이혜민

Info ●

- **영업시간** 오전 9시~오후 10시
- **연 락 처** 042-477-7177
- **제휴카드** 비씨카드, 롯데카드, 신한카드, 갤러리아백화점카드 등 신용카드 결제 시 전품목 20~30% 할인(커트 제외)
- **주　　　소** 대전광역시 서구 둔산동 1014번지 2층
- **홈페이지** cafe.naver.com/parkjunlove
- **찾아가기** 대전 서구 둔산동 갤러리아백화점 옆 피카소빌딩 2층

박준뷰티랩 대전 둔산점은 최고의 테크닉으로 헤어스타일을 책임지며, 고객의 건강까지 생각하는 웰빙 음식으로 만든 음료와 간식을 제공해 고객만족도를 높였다.

백화점과 커피숍 등이 밀집된 상권과 주차 공간이 확보된 대전 서구 둔산동에 위치한 박준뷰티랩 대전 둔산점은 젊은 층부터 가족 단위 고객까지 다양한 고객층을 자랑한다.

고객 접객 서비스는 고객층에 맞게 모든 시스템을 갖췄다. 정적이고 클래식한 인테리어와 콘셉트를 반영해 고객 대기실 및 상담실은 넓고 편안하게 구성해 편의를 강화했다.

고객 고려한 대기실·상담실 운영 음료 및 간식 서비스는 인스턴트 제품을 사용하지 않고 고객들의 건강까지 생각한 차와 다과, 견과류 등 웰빙식으로 직접 준비해 대접하고 있다. 특히 두피와 모발 건강에 도움이 되는 각종 차와 견과류를 챙겨 고객감동을 실현한다.

또한 헤어스타일별로 시술실을 분리해 전문성을 높이고 집중 케어를 제공한다. 커트 바, 펌 바, 컬러

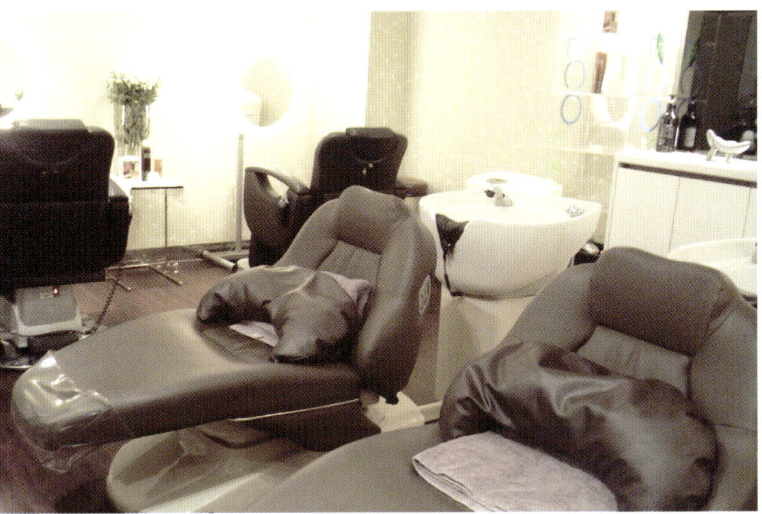

▲박준뷰티랩 대전 둔산점은 두피와 모발 건강에 도움이 되는 웰빙 음료와 간식을 제공하는 등 세심한 배려로 고객감동을 이끌어 내고 있다.

바, 샴푸 바, 클리닉 바, 스파실, 메이크업실, 네일 바 등 모든 시술을 구분해 받을 수 있다.

고객 예약제 · 전담 디자이너 고객 관리 박준뷰티랩 대전 둔산점은 고객 예약제를 운영하고 전담 디자이너가 고객 관리를 철저히 하고 있다. 블로그를 통해 고객들을 대상으로 매달 프라이빗 이벤트와 일일 헤어 모델 체험 등 다양한 이벤트를 마련해 혜택을 제공한다. 프라이빗 이벤트를 통해 VIP고객에게 30% 할인권 등을 증정하고, 고객들이 직접 헤어 모델로 참여해 시술 사진을 블로그에 올리는 등 체험 기회를 제공한다.

박준뷰티랩 대전 둔산점은 장우순 원장, 김도연 부원장, 정미, 영선, 수연, 배은희, 주연, 시우, 함튼튼, 박유미, 효진, 이혜민 스타일리스트와 스태프 등이 근무 중이다. 특히 직원들은 박준뷰티랩 대전 둔산점을 서로 사랑하는 공간으로 정하고 서로 배려하고 합동해서 근무하고 있다.

디자이너 교육은 매주, 매달 실시하고 있다. 본사 교육을 받으며 자체적으로 전문가를 초청해 트렌드, 컬러, 제품 교육 등을 진행한다. 한 달에 한 번 강사를 초빙하고 역할극을 통해 CS교육을 실시한다. 또 세미나를 열어 월별 결과 및 목표 등을 발표해 발전을 도모하고 있다.

박준뷰티랩 대전 둔산점의 경쟁력

커트 다양한 커트 교육을 수료한 스타일리스트들이 최고의 테크닉에 트렌드를 접목한 남 · 녀 커트, 학생 커트, 스켈링 커트, 클리닉 커트 등을 제공한다.

펌 미라클펌, 디지털펌, 셋팅펌, 바이오 볼륨매직, 드레쉬 엘레강스펌, 볼륨매직셋팅 등이 있다.

컬러 천연 염색인 와칸 컬러 케어와 베이직컬러, 클리닉컬러, 매니큐어, 실크헤나, 글로스, 매쉬(브릿지), 딥클렌징(탈색), 리터치와 컬러 케어의 컬러 웨어를 시술받을 수 있다.

두피 · 모발관리 무코타 클리닉, 두피라인, 에코 4종, 에코 5종과 클리닉에 컬러를 더한 클리닉 웨어가 준비돼 있다.

김도연 부원장 ●

김도연 부원장은 "박준뷰티랩 대전 둔산점은 비상경영체제에 돌입해 제2 도약을 준비하고 있다. 이를 위해 내실을 키우고 디자이너 교육시스템을 강

둔산점은 '사랑의 공간' 행복한 매장 분위기 조성 고객에 최상의 서비스 제공

화했다"고 밝혔다.

김 부원장은 "박준뷰티랩 대전 둔산점을 관리하면서 '사랑의 공간'을 만드는 것에 중점을 두고 있다"며 "직원들 간에 웃으면서 배려하고, 존중과 협동을 통해 화합할 수 있도록 교육하고 있다"고 말했다. 특히 매일 아침마다 직원들에게 긍정의 힘과 실천을 강조한다. 이어 "일상생활 속에서 직원들끼리 챙겨주고 스트레스를 받지 않고 일하기 때문에 매장의

분위기도 좋아지며 고객서비스도 한층 더 높아질 수 있다"며 "매주 직원들과 상담을 통해 칭찬하고 근무 환경을 체크한다"고 덧붙였다.

이러한 김 부원장의 직원관리는 직원들에게 서로 생각을 공유하고 주인의식과 책임의식을 갖게 해 시너지 효과를 낸다.

또 김 부원장은 스태프에 대한 애정도 각별했다. "스태프들의 역할은 매우 중요하다. 스태프들에게 멀티플레이어가 될 수 있도록 동일한 교육을 시키며 성장할 수 있도록 더욱 애정을 쏟고 있다"

박준뷰티랩 대전 둔산점은 보건복지부 선정 2011년 뷰티관광선도업체, 한국방송연기자협회 지정 뷰티랩 등으로 인정받고 있다.

김 부원장은 "앞으로도 지금처럼 즐기면서 일할 것이며, 다시 태어나도 미용을 하고 싶다"고 미용에 대한 애착을 드러내며 "박준뷰티랩 대전 둔산점은 최상의 고객서비스를 기본으로 내실을 더욱 강화해 최고의 미용실이 될 것"이라고 포부를 밝혔다.

김도연 부원장은 기능 올림픽 동메달, 토니앤가이, 피봇포인트, 사이리즘커트 등을 수료했다.

키스앤키스

'고객은 내 가족' … 가족 단위 단골고객 많아

Manpower ●
원   장 정현순
디 자 이 너 임춘옥, 민수진

Info ●
- **영업시간** 오전 9시~오후 9시(첫째, 셋째 일요일 휴무)
- **연 락 처** 042-272-8711
- **주   소** 대전시 중구 옥계동 45-5호
- **찾아가기** 대전시 중구 옥계동 솔빛아파트 옆

大전 중구에 위치한 키스앤키스는 30년 가까이 된 터줏대감으로 최상의 시술을 통해 고객 행복을 추구한다.

키스앤키스는 고객 접객과 서비스에 가장 주력하고 있다. 직원들은 '고객은 내 가족'이라는 마음가짐으로 고객을 대하고 정성을 다해 서비스한다.

특히 고객의 마음에 와 닿는 서비스를 제공하고, 고객과의 커뮤니케이션에 중점을 둔다. 고객관리는 기본적으로 고객 차트를 이용해 하고 있으며 단골 고객들이 많기 때문에 고객을 빠짐없이 기억하고 애경사까지 챙긴다.

주 고객층은 30~40대 가족 단위 고객이 많으며 단골 고객들은 전국 각지에서 찾아오고 있다.

두피 · 모발 클리닉에 특화 키스앤키스는 두피 및 모발 클리닉에 특화됐다. 토털 헤어숍으로 거듭나기 위해 미용 관련 시술은 모두 소화할 수 있어야 한다는 것이 정현순 원장의 운영 방침이다.

클리닉은 두피 마사지, 모발의 건조함 해소, 스켈링 등으로 건강한 두피와 모발을 만들어 준다. 이러한 기본 관리를 잘하면 시술 효과도 극대화시킬 수 있고 무엇보다 고객들의 만족도가 매우 높다.

키스앤키스는 정현순 원장, 임춘옥·민수진 디자이너 등이 근무하고 있다. 정 원장 및 디자이너들은 전국대회와 지방대회에서 수상 경력을 자랑하는 전문가다.

디자이너 교육은 자체 교육, 로레알과 아모스의 브랜드 교육, 외부 기관 세미나를 통해 실시한다. 특히 주기적으로 위생관리교육을 철저히 받는다. 기술 교육 외에도 인성 교육과 경영 교육을 강화해 고객서비스 수준을 높였다.

키스앤키스의 직원들은 지역의 실버랜드 등을 방문해 헤어 시술 봉사도 많이 하고 있으며 이웃들과 헤어 기술을 나누는 삶을 실천하고 있다.

키스앤키스의 경쟁력

커트 젊은 층 고객부터 중년 층 고객까지 아우를 수 있는 단발 보브 커트 시술에 자신 있다. 남성 고객의 경우 모히칸 커트를 추천한다.

펌 자연스러운 웨이브를 살린 아이롱 펌, 발롱 펌 등에 만족도가 높다.

컬러 얼굴에 어울리는 컬러를 추천해주고 최근 파스텔 톤과 구릿빛 오렌지 컬러가 유행하면서 다양한 컬러 시술을 선보인다.

두피·모발관리 전문 교육을 수료한 디자이너들이 더마힐 등 피부과 시술용 제품을 이용해 고객의 두피와 모발을 진단한 후 스켈링, 영양 공급 등으로 진행한다.

정현순 원장

정현순 원장은 헤어숍 운영을 사업으로 생각하기보다는 미용을 즐기면서 하고 있다고 말한다. 고객이 키스앤키스를 방문했을 때 만족하여 나갈 수 있도록 최선을 다하고 있다. 나아가 시술을 통해 헤어

은 힘들지만 즐거움이 있어 계속 일을 할 수 있다"고 했다.

그는 건강해야 고객들에게 시술로 보답할 수 있기 때문에 틈틈이 운동을 하면서 체력 관리에도 소홀함이 없다.

이어 그는 "어려울 때가 가장 행복하다고 하는 것처럼 바쁜 것이 행복이라고 생각한다"며 "대한미용사회중앙회 이사, 대전 중구지회장 등의 업무를 소화하려면 주워진 일에 최선을 다하자는 좌우명으로 후회 없이 일하고 있다"고 설명했다.

또한 미용업계의 위상을 높이기 위해서는 인식의 개선이 필요하다고 지적하며 이를 위해 서대전에서 토털

미용사회 이사·대전중구지회장 활동
자부심 갖고 미용 즐기며 헤어숍 운영

스타일뿐만 아니라 마음의 행복을 얻어 갈 수 있도록 노력한다.

정 원장은 "기술이 경쟁력이라는 신념으로 고객의 헤어스타일을 책임지고 있다"며 "마음에 와 닿는 서비스와 고객과의 커뮤니케이션에 중점을 두고 있다"고 말했다.

특히 정 원장은 고객을 일일이 기억하고, 지역의 단골손님이 많다 보니 애경사까지 꼼꼼히 챙기고 있다. 이렇다 보니 정으로 다져진 고객들이 주거지를 옮겨도 키스앤키스를 찾고 있다.

정 원장은 "미용인으로서 자부심을 느끼면서 일하고 있다. 비록 몸

뷰티 페스티벌 개최를 계획하고 있다.

정 원장은 앞으로의 목표에 대해 "후배 양성을 위해 더 많은 노력을 기울이고 후배들이 즐겁게 일할 수 있는 환경을 만들어 주고 싶다"고 밝혔다.

또 "실버랜드를 방문해 봉사를 하면서 자신의 기술을 나누고 살고 싶다"고 덧붙였다.

정현순 원장은 키스앤키스 운영 외에 대한미용사회중앙회 이사, 대한미용사회 대전 중구지회장을 맡고 있다.

박준뷰티랩 울산 삼산점

차트 통한 상담으로 니즈 파악 … 트렌드와 조합

Manpower

대 표	황유진
원 장	김미숙
점 장	아연
부 점 장	전보영
실 장	레나
디 자 이 너	수진, 강희, 정은

Info

- **영업시간** 오전 10시~오후 9시
- **연 락 처** 052-269-3340
- **제휴 카드** 롯데, BC, 신한카드 20% 할인
  현대 · 롯데백화점 당일 구매 고객 펌 · 염색 30% 할인
- **주 소** 울산광역시 남구 삼산동 1479-5번지 2층
- **찾아가기** 현대백화점 울산점 맞은편 스타벅스 건물 2층

박준뷰티랩 울산 삼산점이 위치한 남구 삼산동은 현대백화점 울산점과 롯데백화점 울산점, 그리고 병원 등이 밀집돼 있는 상가중심지역으로 유동인구 비율이 높고 교통이 편리해 울산의 강남이라고 불리는 지역이다.

박준뷰티랩 울산 삼산점은 유동인구가 많은 중심가에 위치해 20~30대가 중심을 이루며, 백화점 상권으로 40~50대 고객도 30% 가량을 차지하고 있다.

특히 주말에는 예식이나 돌잔치를 위해 헤어와 메이크업의 토털 서비스를 원하는 고객들이 많이 찾고 있다.

중심가 위치 … 유럽풍 분위기 돋보여 살롱 내부는 132.2㎡(40평)의 규모에 블랙&화이트 톤의 인테리어로 모던한 유럽풍 분위기를 풍겨 4년 전 오픈했음에도 질리지 않고 깔끔한 모습을 지키고 있다.

또한 헤어서비스, 두피관리, 메이크업의 뷰티서비스를 제공하고 있는 박준뷰티랩 울산 삼산점은 헤어를 위한 홀과 두피관리와 메이크업의 별도 공간이 마련돼 있다.

박준뷰티랩 울산 삼산점은 오픈 당시부터 함께해 온 직원부터 2년 이상을 함께해 온 이들까지 오랜 시간 호흡을 맞춰온 이들로 구성돼 있다. 특히 이동이 많은 스태프들도 1년 이상 꾸준히 함께하고 있다.

이는 직원들에게 울산 최고의 대우를 해주며 박준뷰티랩과 MOU를 맺은 부산미용고 학생들이 스태프로 근무함에 따라 이들을 위해 기숙사를 지원하는 것은 물론 직원들이 엄마처럼, 이모처럼 편안하고 친근하게 다가설 수 있도록 대하고 있기 때문이다. 김 원장은 "나도 예전에 누군가의 밑에서 일을 해봤지만, 윗사람 눈치를 보며 일하는 것만큼 불편한 것이 없어 편안한 분위기 조성에 노력하고 있다"고 말했다.

직원도 손님도 즐겁게, 친근하게 또한 '즐겁게 일하자'는 김미숙 원장의 철학이 긍정적인 분위기를 조성한 것도 한 몫하고 있다. 김 원장은 "돈에 집착하기보다는 즐거

운 마음으로 일을 하고자 한다"며 "직원은 물론 손님과도 친구처럼 친근하게 대하는 것이 숍 분위기를 발랄하게 만들고 있다"고 설명했다.

직원들과 가족 같은 편안한 분위기를 지향하지만 교육만큼은 철저하게 진행하고 있다. 박준뷰티랩 울산 삼산점은 본사의 강사가 방문해 월 1회 교육을 실시하고 매장 자체 교육은 월 1~2회 인성 교육과 트렌드 교육으로 진행하고 있다.

완전한 살롱스타일의 숍은 아니지만 박준뷰티랩 울산 삼산점은 예약 손님 위주로 운영되고 있다. 재방문 고객이 많기 때문에 차트를 통해 고객과의 상담 후 고객이 원하는 스타일과 트렌드를 조합해 스타일을 제안하는 형태로 진행된다.

무엇보다도 고객의 재방문을 위한 활동으로 고객 관리를 진행하며, 디자이너들이 개별 손님들을 효율적으로 관리할 수 있도록 지원을 아끼지 않고 있다.

박준뷰티랩 울산 삼산점의 경쟁력

컬러 최근 염색이 많은 사랑을 받으면서 시세이도, 웰라, 로레알 등의 다양한 염모 제품을 사용해 보고 엄격하게 선별해 제품을 사용하고 있다. 특히 천연 염색제에 한약재와 허브를 섞어 사용해 모발 손상을 예방하는 서비스에 고객들의 만족도가 높다.

두피 · 모발관리 최근 젊은 층에서 탈모나 흰머리가 많아지고 있다. 두피 · 탈모 관리는 주 1회~월 1회 정기 서비스로 고객의 방문을 유도하는 것은 물론 점판을 통해 매출 향상에 기여하고 있다.

김미숙 원장 ●

오픈 후 4년간 별도의 홍보 없이 꾸준히 성장해 200~300여명의 VIP를 관리하고 있는 박준뷰티랩 울산 삼산점은 행사를 위해 울산을 찾은 연예

울산 '뷰티 중심'··· 주변 도시까지 소문
낙천적 마음으로 고객에 아름다움 선물

인들도 찾아올 정도로 울산의 뷰티 중심으로 우뚝 섰다.

울산에서 탄탄하게 입지를 다졌음에도 김미숙 원장은 "최근에는 단골이라는 말이 무색하게 디자이너에 따라 또 입소문에 따라 고객들의 이동이 많다"며 "매장에 방문한 고객을 편안하게 그리고 최선을 다해 서비스해서 고객의 마음을 사로잡아야 한다"고 강조한다. 이를 통해 박준뷰티랩 울산 삼산점에는 언양과 경주 등에서 찾아오는 손님들이 생겨났다.

서울을 제외한 지방 상권 가운데 소비력이 가장 높은 울산이지만 최근에는 경기불황의 영향권에 들어섰다. 김 원장은 "불경기라는 이야기가 꾸준히 나왔지만 울산에는 별 영향이 없다가 올해부터 체감하기 시작했다"며 "매출은 꾸준한 편이지만 고객들의 지속적인 방문을 유도하기 위해서는 서비스에 최선을 다하는 길밖에 없다"고 말했다.

미용업계 선두주자라는 이미지와 함께 박준뷰티랩의 대표 프로 박준이 현역에서 뛰고 있다는 점이 매력적이어서 박준뷰티랩을 선택했다는 김 원장은 "현재 매장은 주말 고객을 받기에 포화상태에 이르러 매장 확장이나 신규 오픈을 고려하고 있다"며 "향후 울산 지역에 4~5개의 박준뷰티랩 매장을 운영할 계획"이라고 밝혔다.

미용은 남을 예쁘게 해주는 일로 우선 나부터 예쁘게 하는 것이 손님에 대한 예의라고 말하는 김미숙 원장은 낙천적이고 긍정적인 마음가짐으로 고객들에게 아름다움을 선물하는 것은 물론 대한미용사회와 문화센터 강의 등 즐거운 일을 꾸준히 펼쳐나갈 것이라고 말했다.

권경희 헤어살롱

'마법 커트' 명성 높아 … 부천 미용역사 산증인

경기도 부천시 원미구의 권경희 헤어살롱은 국철 1호선 부천 북부역 광장 인근에 위치해 있다.

부천 북부역 광장 인근은 부천시를 대표하는 상권으로 패션은 물론 카페테리아, 음식, 화장품 등 다양한 상가가 밀집한 상권으로 20대 젊은 세대부터 가족 단위 소비자까지 폭넓은 소비층을 확보한 최고의 상권이다. 최근 중동과 상동 신도시 개발로 소비층이 분산되기는 했지만 권경희 헤어살롱이 위치한 부천 북부역은 역세권으로 많은 유동인구를 자랑한다.

권경희헤어살롱의 권경희 원장은 부천시에서 33년 동안 헤어살롱을 운영해 와서 부천시 미용 역사의 산증인이라 할 수 있다.

단골이 주고객 … 100% 예약제 권경희 원장은 그동안의 미용 인생을 돌아보면 '청출어람(靑出於藍)'이란 말이 떠오른다고 한다. 한때 15명의 디자이너와 함께 헤어살롱을 운영할 만큼 번창했었지만 이제는 제자들이 한 명, 두 명 헤어살롱을 오픈해 부천 지역에서 성공한 미용인으로 활동하고 있기 때문이다.

권경희 원장은 "부천시에만 1500여개의 헤어살롱이 성업 중"이라며 "수많은 헤어살롱 중에서 내 제자들이 미용인으로서 기술강사로서 열심히 활동하고 있다는 점이 뿌듯하다"고 말했다.

제자들이 모두 떠났지만 권경희헤어살롱은 여전히 '커트의 명가'로 명성을 떨치고 있다. 권경희 원장은 자신의 커트 기술을 '마법의 커트'라 부른다. 타 헤어살롱의 원장들도 머리를 자르기 위해 권경희 원장을 찾을 정도로 커트의 명인이라 할 수 있다.

권경희 원장은 "30년 이상 단골고객을 주고객으로 100% 예약제로 운영하며 고품격 서비스에 집중하고 있다"며 "특히 커트의 경우 한국인의 두상에 가장 어울리는, 가마가 보이지 않게 커트하는 기술은 아직도 최고라고 자부한다"고 말했다.

권경희 원장의 기술력은 커트뿐만 아니라 펌과 헤어클리닉에서도 타의 추종을 불허한다고 한다. 일반 펌은 물론 열펌과 뿌리를 살리는 펌 기술은 고가임에도 여전히 많은 고객들이 찾을 정도로 기술력을 인정받고 있다.

권경희 원장은 "정직한 기술과 정직한 제품으로 고객의 머릿결이 좋아질 수 있도록 항상 고민하고 연구한다"고 말한다. 30년 단골고객 중 처음 헤어살롱을 방문했을 당시의 머릿결을 유지하고 있는 고객이 있을 정도로 권경희 원장은 고객들 사이에서 '헤어클리닉 의사'라 불리운다.

이처럼 권경희 원장의 탁월한 기술력은 새로운 것에 도전하고 공부하는 열정이 있었

▲권경희 원장은 미용 기술 교육과 함께 활발하게 미용 봉사 활동을 하고 있으며, 그 공로를 인정받아 대통령 포상 등을 수상했다.

펌 · 헤어클리닉서도 탁월한 실력 갖춰
후배양성 · 기술교육 위해서도 큰 역할

10만시간 봉사공로 '대통령포상' 받아
'미용적십자회' 설립 … 미용봉사 선도

기에 가능했다.

아직도 미용공부 열정 식지 않아 권경희 원장은 "아직도 새로운 것에 도전하고 공부하는 열정은 식지 않았다"며 "그동안 22개국에서 헤어와 관련된 공부를 했다. 특히 15년 동안 커트에 관한 교육은 국내외에서 쉬지 않고 참석해 국내 헤어스타일의 유행과 기술을 선도했다고 자부한다"고 말했다.

끊임없이 새로운 것에 도전하고 공부하는 권경희 원장의 열정은 국내 미용기기와 제품이 한 단계 발전하는 데에 디딤돌 역할을 했다. 1980년대 미용기기 및 펌제와 염모제 개발의 불모지와도 같았던 국내시장에서 아모스와 함께 개발에 참여한 것. 권경희 원장은 "아모스에서 제품을 개발하고 주로 제품의 품평을 진행하며 제품력을 높이는 데 주력했다"며 "특히 펌제와 염모제 등 세계적인 트렌드에 부합하는 제품 개발과 함께 세미나도 개최해 국내 미용산업 발전에 이바지 했다"고 설명했다.

"미용은 천직" 사명감 갖고 연구 · 노력해야 성공 33년 동안 미용인의 길을 걸으며 후배 양성과 봉사활동을 통해 보람을 느낀다는 권경희 원장.

권경희 원장은 매월 1회 대한미용사회 부천시지부에서 회원들을 대상으로 헤어살롱에서 쉽게 활용할 수 있는 기술교육을 진행하고 있다. 또한 부천시장배, 경기도지사배 등 대회에 참가하는 학생과 선수들을 위해 틈틈이 교육을 진행하며 기술을 전수하고 있다.

권경희 원장은 미용을 공부하는 후배들에게 "혼신의 힘으로 정진해야 한다. 기존의 기술을 받기만 하려는 자

세로는 발전할 수 없다"고 일침을 가하며 "기본이 약하면 기술 발전이 늦을 수 밖에 없다. 어렵고 힘들지만 기본에 충실하며 기술력을 키워야 한다"고 조언했다.

이어 그는 "눈 앞의 돈만을 좇는다면 절대 성공할 수 없다. 미용은 건강이 허락한다면 80세까지도 할 수 있는 직업이다. 천직이라는 사명감을 가지고 스스로 연구하고 경험하며 노력해야 정상에 설 수 있다"고 덧붙였다.

70년대 시작한 봉사 1년에 1000시간 미용을 시작한 1970년대부터 봉사활동을 시작해 현재까지도 미용을 통한 봉사를 진행하는 권경희 원장은 2007년 미용적십자회를 설립하고 커트를 비롯해 웨딩 미용까지 1년에 1000시간 봉사에 나서고 있다.

권경희 원장은 "미용을 시작하며 인천 성심원에 있는 정신지체자 150명을 대상으로 봉사활동을 시작해 지금까지 이어오고 있다"며 "많은 미용인들이 묵묵히 자신의 위치에서 봉사활동을 펼치고 있지만 봉사를 위해 희생하는 부분을 인정받지 못해 안타깝다"고 말했다.

그는 "봉사활동은 남에게 보여주고 알리기 위해 하는 것은 아니지만 미용적십자회를 설립해 미용인들이 희생하며 열심히 봉사하고 있다는 것을 알리고 싶었다"며 "앞으로도 건강이 허락하는 범위에서 후배들에게 꾸준히 기술을 전수하고 도움이 필요한 곳이 있다면 언제든 달려가 힘이 돼 줄 것"이라고 포부를 밝혔다.

권경희 원장은 10만시간 봉사활동을 한 공로를 인정받아 대통령 포상을 받았다.

권경희 원장

- 숙명여대 대학원 최고지도자과정 미용과 졸업
- 미국 LA 비달사순 국제미용학교 수료
- 경기도 기술강사 역임
- 영국 토니앤가이 미용학교 연수
- 1994년 스페인 바로셀로나 ZOTOS 워크숍 전과목 수료
- 1997년 말레이시아 ZOTOS 헤어창작 아시아 최고특수강사교육 수료
- 1998년 세계미용올림픽 조직위원
- 대한미용사회중앙회 기술강사 운영위원 임명
- 대한미용사회중앙회 기술강사 4기
- CACF 프랑스 기술이사

Manpower

원　　　장 권경희
디 자 이 너 우유정

Info

- **영업시간** 100% 예약제
- **연 락 처** 032-664-4047
- **주　　소** 경기도 부천시 원미구 심곡2동 169-9
- **찾아가기** 국철 1호선 부천역 북부역 광장에서 소신여객 종점 맞은편

김승연 헤어본

진심어린 상담 · 뛰어난 실력 ··· 고객 신뢰받아

Manpower

원　　　장　김승연
실　　　장　예인
디 자 이 너　심재은, 염대한

Info

- **영업시간**　오전 9시~오후9시
- **연 락 처**　031-356-7225
- **주　　　소**　경기도 화성시 남양동 1870-5 1층
- **찾아가기**　경기도 화성시 남양우체국 맞은편

경기도 화성시청 부근 남양동에 위치한 김승연 헤어본은 화성에서 뛰어난 헤어기술을 바탕으로 고객감동을 추구하는 명품 미용실로 정평이 나 있다.

뛰어난 실력을 갖춘 김승연 원장과 항상 밝고 가족적인 분위기를 만드는 직원들이 있기 때문이다.

김승연 헤어본을 찾는 주 고객층은 젊은 층부터 50대 고객까지 골고루 분포돼 있으며 가족 단위가 많다. 서울에서 한 시간 거리의 생활권 내에 위치해 있어서 강남 등지에서 찾아오는 단골 고객도 다수 있다. 특히 근처에 현대자동차연구소가 있어 저녁시간대에는 연구소 직원들이 많이 찾기 때문에 예약을 하지 않으면 시술 받기가 어려울 정도다.

김승연 헤어본은 김승연 원장, 예인 실장, 심재은 디자이너, 염대한 디자이너, 김선희 스태프, 정보람 스태프 등 6명이 근무 중이다. 원장을 비롯한 직원들은 현재의 실력에 만족하지 않고 끊임없이 노력한다.

빠르게 변하는 트렌드를 모발생리학의 원리에 입각해 고객에게 적용하기 때문에 고객들의 만족도가 높다.

디자이너가 두피 · 모발 관리 특히 두피 · 모발 케어의 경우 매일 머리를 만지고 두피자격증을 가진 디자이너들이 담당하기 때문에 어느 클리닉과 비교해도 손색이 없다.

김승연 헤어본의 장점은 고객이 시술 받을 때마다 차트에 꼼꼼히 기록해 놓고 고객관리를 철저히 해준다. 이와 함께 실력과 자부심을 갖춘 디자이너들은 고객 접근성이 뛰어나 고객감동을 실현한다.

디자이너 교육은 자체교육과 외부교육으로 진행하고 있다.

기술교육도 중요하지만 인성교육에 중점을 두고 상시교육 및 상담을 갖는다. 고객 및 직원들 간에 예의를 갖추고 동료를 존중해야 한다는 김 원장의 인격 존중의 교육 방침에 따라 직원들 스스로 자부심을 갖도록 해준다. 덕분에 직원들은 운동 등 취미생활을 공유하면서 가족처럼 지내며 즐겁게 일한다.

전문가 입장에서 고객 대해 김승연 헤어본은 충분한 상담 및 시술이 가능하도록 예약제를 도입했다. 직원들은 진심을 다해 고객을 응대하기 때문에 고객들은 마음을 열고 신뢰하게 된다. 원장 및 디자이너들은 전문가의 입장에서 고객에게 어울리는 헤어스타일을 추천해준다. 또 여러 가지 활용 가능한 스타일을 연출해주고, 집에서도 쉽게 셀프 손질할 수 있게 설명해준다.

방문한 고객에게 포인트 적립카드를 발급해준다. 회원 등록 고객에게는 생일이 되면 무료서비스 또는 20% 할인 쿠폰을 생일카드와 함께 우송한다. 현금 결제 시 5% 포인트를 적립해준다. 포인트가 1만점 이상이 되면 현금처럼 사용할 수 있다.

김승연헤어본의 경쟁력

커트 고객의 이미지에 맞게 시술하면서 더욱 젊고 어려 보이도록 스타일을 연출해주는 '동안커트'를 제안한다.
펌 자연스러운 웨이브 펌으로 부드러운 인상과 세련된 스타일을 완성해주는 '다운펌'의 인기가 높다.
컬러 스타일에 색다른 변화를 주고 싶다면 다양한 컬러를 사용해 입체감 있게 만들어주는 '볼륨컬러'를 추천한다.
두피·모발관리 두피와 모발이 상하면 스타일이 잘 나오지 않기 때문에 두피와 모발 케어를 권장한다. 두피 진단, 스켈링, 샴푸, 영양, 두피 트리트먼트, pH밸런스 조절, 앰플, 두피마사지 등으로 진행된다.

김승연 원장 ●

◀2008년 세계미용올림픽 2위 수상 당시 모습.

김승연 원장은 미용을 시작하기 전 대기업의 자동차연구소에서 근무했지만 미용의 재미와 매력을 느껴 미용인의 길에 들어섰다. 현재는 미용

미용은 천직 … 부단히 자기계발해야
'세계미용올림픽 2위'의 탁월한 실력

이 자신의 천직이며 재밌고 자랑스럽다는 김 원장.

김승연 원장은 "세계대회에 나가서도 인정받은 미용기술을 가지고 있기 때문에 어느 곳을 가도 당당하고 기술을 나눌 수 있음에 감사한다"고 말한다. 김 원장은 2008년 대한미용사회중앙회 국가대표로 참가한 세계미용올림픽에서 2위를 수상해 국내 뷰티업계의 위상을 세계에 널리 알린 자랑스러운 미용인이다.

김 원장은 대한미용사회중앙회 기술강사, 2010년 청와대 감사장 수상, 숙명여자대학교 경영대학원 전공과 교수, 경기도지사배 헤어쇼 트레이너 등 다양한 경력을 바탕으로 최고의 헤어기술을 자랑하며 김승연헤어본을 화성의 유명 미용실로 성장시켰다.

직원들의 직책보다 인격 존중을 중요시하는 김 원장은 직원교육도 인성교육에 중점을 두고 상시 실시하고 있다. 김 원장에 따르면 직원들끼리 가족 같이 지내기 때문에 즐겁게 일할 수 있고, 이 즐거움이 고객에게 전달되기 때문에 고객들도 만족도가 높다.

김 원장은 "미용에 대한 의식이 예전보다는 나아졌지만 아직도 미용에 대한 인식이 많이 낮은 실정"이라며 "미용업계에 대한 의식 제고와 발전을 위해 노력할 것"이라고 설명했다.

이어 "헤어는 빠르게 변하는 트렌드에 민감하기 때문에 계속해서 배우지 않으면 도태되기 쉽다. 현재에 안주하지 않고 모발과 트렌드 등에 대한 끊임없는 공부와 자기관리를 하고 있다"고 말했다.

또한 "앞으로 직원들을 위해 복지와 근무 환경 개선에 적극 투자하고 경제적 여건이 허락한다면 토털 뷰티숍을 운영하고 싶다"고 목표를 밝혔다.

노블헤어팀

"고정고객에 최상의 만족" 입소문 타며 유명

교육장으로 활용되는 VIP룸

Manpower •

원　　　장	최복자
부　원　장	정희문
매　니　저	서수경
실　　　장	이희정
디 자 이 너	이용현

Info •

- **영업시간**　오전 9시~오후 11시
- **연 락 처**　031-735-1399
- **주　　소**　경기도 성남시 중원구 중앙동 1152번지 3층
- **찾아가기**　경기도 성남시중앙지하쇼핑몰 13번 출구 앞,
　　　　　　　8호선 신흥역 2번 출구에서 100m

20 01년 오픈한 노블헤어팀은 친절하고 깔끔한 솜씨로 고정고객이 50%를 차지하고 있다. 최 원장을 찾아 멀리서 찾아오는 40년 단골의 70~80대 고객을 비롯해 최초의 여성 대법관 또한 10년 째 최 원장에게 머리를 맡기고 있다.

이렇듯 고객들이 오랜 시간 노블헤어팀을 찾는 이유는 고정고객 관리에 초점을 맞추고 있기 때문이다. 분당의 구시가지에 위치, 신규 고객 유치보다는 노블헤어팀을 사랑하는 고객에게 최상의 만족을 주기 위해 노력하고 있다.

최 원장은 과거 지역 홍보활동이나 카드 제휴할인 이벤트를 통한 홍보 등을 진행해 봤지만 상권의 특성상 효율성이 떨어지고, 또한 한 자리에서 12년의 세월을 보내니 인지도가 쌓이고 입소문이 나 별도의 홍보활동이 필요치 않다고 이야기한다.

헤어에만 집중 … 고정고객 확보에 한몫 특히 구시가지 상권인 탓에 가격 저항력이 높고 주변 미용 상권이 활성화돼 있어 토털 서비스보다는 헤어에만 집중한 것도 고정고객 확보에 한몫했다고 설명한다. 최 원장은 "과거 330㎡(100평) 규모의 숍에서 토털 서비스를 제공했었으나, 최근에는 미용 각 분야가 전문화되는 추세로 노블헤어팀은 오로지 전문적인 헤어 서비스 제공을 추구한다"고 말했다.

노블헤어팀에는 현재 최 원장과 디자이너 4명 등 총 6명이 근무하고 있다. 정희문 부원장은 창립 멤버로 12년을 함께 했으며, 대학에 출강하고 있는 서수경 매니저는 7년째 근무하는 등 오랜 시간 호흡을 맞추고 있다.

실력 높은 디자이너 장기 근속 가족 같은 분위기 속에서 장기근속하며 높은 실력을 갖춘 직원들에게 획일적인 교육보다는 외부 교육이 실력 함양에 도움이 된다고 판단, 보다 전문적인 교육을 적극적으로 제공하고 있다. 이와 함께 중원구지부 회원들을 대상으로 하는 최 원장의 교육에 숍 직원들도 참여하고 있다.

이러한 중원구지부의 교육을 비롯해 다양한 대회

준비가 숍 안에서 이뤄지는 탓에 별도의 VIP룸이 없다. VIP룸으로 구성된 방은 교육 연구와 실습 장소로 활용되고 있다.

헤어디자이너로서 실력 함양에 지원을 아끼지 않은 결과, 노블헤어팀에서 실력을 갈고닦은 서수경 매니저가 트레이너로 지도한 선수 두 명이 올해 전국기능경기대회에서 수상의 영광을 안았다.

노블헤어팀은 별도의 VIP룸이 없는 대신 매장 전체가 VIP룸이라고 할 수 있을 정도로 깔끔한 것이 특징이다. 노블헤어팀의 인테리어는 디자이너

들이 서비스에만 집중할 수 있도록 공간 구성 또한 간결하고 깔끔한 것을 콘셉트로 구성했다.

6년 전 리모델링을 하면서 하나씩 떨어진 경대를 설치, 경대 사이로 이동이 가능해 동선을 최소화했다. 또한 경대 측면에는 제품 및 물품을 수납해 둘 수 있어 디자이너들이 멀리 돌아다니지 않고 제자리에서 신속하게 서비스를 제공할 수 있도록 했다.

복지부장관 · 성남시장 표창 받아 디자이너 중심의 경영을 펼치는 노블헤어팀은 프랜차이즈 살롱은 아니지만 하나의 브랜드로 자리 잡고 있다. 최 원장이 운영하는 성남의 숍 이외에도 그녀의 제자들과 숍에서 근무했

던 직원들이 같은 브랜드 네임으로 경기도권에서 매장을 운영, 현재 7개의 노블헤어팀이 최상의 서비스를 제공하고 있다.

인적 네트워크를 바탕에 두고 있는 노블헤어팀은 지역사회와의 상생에도 깊은 관심을 갖고 있다. 무조건 가격이 싼 것을 찾기보다는 같은 지역에 기반을 둔 재료상과의 거래를 통해 지역경제 활성화에 노력하는 것이다. 또한 경기사랑봉사단을 통해 복지관과 양로원 등에서 미용봉사를 펼치고 있다.

이런 활동으로 최 원장은 2011년 성남시장 표창장을 받은 데 이어 올해에는 보건복지부장관의 표창을 받았다.

최복자 원장 ●

42년의 미용 경력을 가진 최복자 원장은 인간이 존재하는 한 미용 또한 영속할 것이라며, 자기가 한 만큼의 성과

보건대에서 12년 째 강의하고 있으며 숙명여대 평생교육원 초빙강사로 활동한다. 이러한 어머니의 뜻을 이어 최 원장의 딸인 노블헤어팀의 서수경 매니저 역시 전국기능대회에서 메달을 수상하고 미용학과 교수로 재직하며 후학을 양성하고 있다.

미용사회 지부장 · 대학 강의 활동
'실력파 교수' 외동딸도 함께 봉직

를 볼 수 있는 미용 덕에 행복하다고 이야기한다.

최 원장은 "과거에는 미용이 천대받았지만 지금은 인식이 많이 바뀌었고 미용일을 하면서 즐겁지 않은 적이 없어 태교도 미용으로 했을 정도"라며 "이 만큼 자부심을 가질 수 있기에 일어일문학을 전공한 무남독녀 외동딸에게도 미용일을 권유했다"고 말한다.

최 원장은 꾸준히 공부하면서 미용장과 이용장의 자리에 오른 데 이어 2000년에는 대한미용사회중앙회 기술강사로 임명됐다. 또한 삼육

미용을 통해 많은 것을 이뤘다는 최 원장은 지난해 대한미용사회 경기도지회 성남시 중원구 지부장에 당선돼 2년간 연임해 책임을 다하고 있다.

미용인으로서 할 수 있는 일은 다했다고 생각하며 내려놓을 때라고 생각하던 최 원장은 지난해 자신의 강의에 참석한 70대 미용인의 열정을 보고 80세가 되어서도 강단에서 강의를 할 수 있도록 건강을 지켜야겠다고 생각이 바뀌었다고 말한다.

최 원장은 "많은 사람들에게 미용을 통해 건강하게 살아가는 모습을 보여주고 싶다"며 "기술고등학교에서 미용을 공부하던 때, 힘들었던 시절을 떠올리며 항상 초심을 잃지 않는 미용인으로 살아가겠다"고 말했다.

리헤어살롱

'아이롱 열펌 명인'의 아이롱 열펌 특화 살롱

Manpower

원   장 조혜자
디 자 이 너 홍정림, 송정림

Info

- **영업시간** 오전 9시~오후 9시(화요일 휴무)
- **연 락 처** 031-472-3303
- **주   소** 경기도 안양시 만안구 석수동 182-2번지
- **찾아가기** 국철 관악역에서 예술공원 방향 대림아파트 상가 203호

고객 80%가 아이롱 열펌 경기도 안양시의 대단위 아파트단지 상가에 있는 리헤어살롱을 입지 조건만 보고 평범한 동네 헤어살롱으로 판단하면 큰 오산이다.

리헤어살롱은 아이롱 열펌에 특화된 헤어살롱으로 고객의 80%가 아이롱 열펌 고객이다.

아이롱 열펌은 둥근 쇠막대기 모양의 아이롱 기구로 90~155℃의 열을 이용해 고데하듯 펌을 하는 기법으로 굵고 럭셔리한 웨이브는 물론 모발이 적고 가늘어도 탄력 있는 웨이브를 연출할 수 있는 장점이 있다. 아이롱 열펌은 20여 년 전 도입됐으며, 최근에는 기구와 펌제, 기술력이 좋아져 각광받고 있다.

리헤어살롱 조혜자 원장은 국내 아이롱 열펌의 전도사이자 명인으로 손꼽히는 인물이다.

조혜자 원장은 "고객들은 집에서 간단히 홈케어를 통해 스타일을 완성할 수 있는 차별화된 기술력을 원한다”며 “아이롱 열펌은 집에서 머리를 감고, 털고 말리기만 하면 스타일이 완성되는 테크닉”이라고 설명했다.

고객들이 원하는 차별화된 테크닉인 아이롱 열펌이 많은 헤어살롱에서 시술되지 못하는 이유는 일반 펌에 비해 트레이닝 기간이 길기 때문이다.

조혜자 원장은 “아이롱 열펌을 고객에게 완벽하게 시술하기 위해서는 최소 5년 동안 쉬지 않고 꾸준하게 공부하고 연습해야 고객 클레임이 없다”고 설명했다.

이어 “아이롱 열펌에 사용되는 펌제는 일반 펌제에 비해 pH가 높아 모발 연화 과정이 어렵다”며 “개인의 모발 특성에 따라 정확한 진단과 시술이 필요한 아이롱 열펌은 자기만의 데이터 베이스 구축이 필요해 오랜 시간 꾸준하게 공부해야 한다”고 강조했다.

익히기 어렵지만 고객이 찾는 기술 지난 8년 동안 아이롱 열펌을 연구해 온 조혜자 원장은 현재도 아이롱 열펌 공부에 정진하고 있다. 아이롱 열펌의 명인으로 손꼽히는 조 원장에게도 공부는 지름길도 끝도 없다는 것.

조혜자 원장은 “리헤어살롱의 디자이너들도 일주일에 1회, 3시간 교육을 받고 있다. 나 역시 아이롱 열펌 공부를 게을리 하지 않는다”며 “모든 기술이 똑같겠지만 독학하는 것보다는 여러 전문가에게 기술을 배우면 시간이 3배 이상 단축될 수 있다. 트레이닝 기간이 긴 아이롱 열펌이지만 꾸준히 공부하면 기술을 익힐 수 있다”고 말했다.

아이롱 열펌은 배우기는 어렵지만 매력이 있는 테크닉이다. 일반 펌에 비해 컬링의 지속력이 우수해 한 번 시술받은 고객은 일반 펌을 받지 못할 정도의 중독성이 강하다는 것이다. 또한 나이가 들어 갈수록 모발과 모근이 약해지는 데 아이롱 열펌은 모발을 풍성하게 스타일링하며 모근을 살릴 수 있는 장점이 있다. 또 일반 펌에 비해 시술

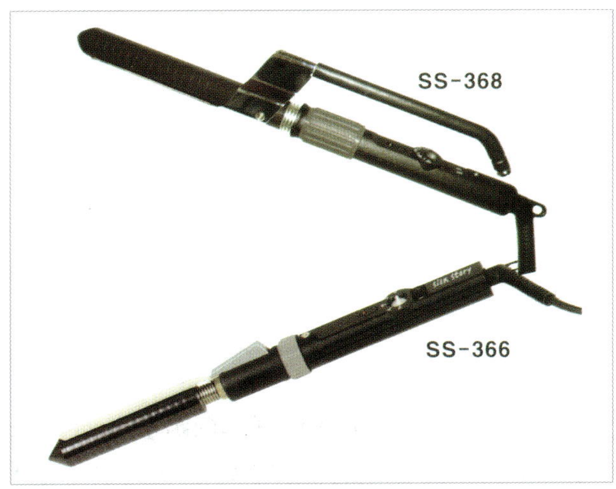

▲조혜자 원장이 기존 기구의 단점을 보완해 개발한 아이롱 열펌 기구.

가격이 적게는 3배에서 많게는 10배까지 높아 헤어살롱 경영에 많은 도움이 된다는 것이다.

아이롱 열펌 기구 ‘silk story’ 개발 조혜자 원장은 기존 아이롱 기구의 단점을 보완해 보다 손쉽게 아이롱 열펌을 시술할 수 있는 ‘silk story’를 개발했다. silk story는 SS-368과 SS-366 두 개 한 세트로 구성된다.

SS-368은 하드 아노다이징 처리와 롯드에 홈이 있어 시술 중 모발 정돈이 잘 되어 편리하며, 전자 온도 제어 회로와 세라믹 히터 사용으로 온도의 상승 속도와 사용 중의 온도 회복 속도가 빠르다. 또한 저온(100℃)에서 고온(200℃)까지 폭넓게 단계별로 정정할 수 있으며, 컬링 아이롱의 표면을 특수 도금해 내구성이 높다.

SS-366은 부드러운 회전력과 글로브의 압력 조절이 가능해 편리성을 높였으며, 빠른 온도 상승과 정확한 온도 유지가 가능하다. 하드 아노다이징 처리와 롯드에 홈이 있어 시술 중 모발 정돈이 잘 되어 편리하다.

조혜자 원장 ●

국내 아이롱 열펌의 명인으로 손꼽히는 조혜자 원장의 미용 철학은 ‘3최’이다. 3최는 ‘최초가 되자’, ‘최선을 다

‘3최 정신’으로 아이롱 열펌에 매진 아이롱 열펌 전문 헤어살롱 만들 것

하자’, ‘최고가 되자’이다.

조혜자 원장은 “어떤 일을 하면 항상 적극적으로 끝까지 열정을 다해 일을 마무리하는 성격”이라며 “트레이닝 기간이 긴 아이롱 열펌도 ‘3최’ 정신으로 공부해 스타일의 완성도를 높였다”고 말했다.

아이롱 열펌의 명인으로 전도사 역할을 하고 있는 조혜자 원장의 목표는 아이롱 열펌 전문 헤어살롱을 만드는 것이다. 조혜자 원장은 “2년 안에 리헤어살롱을 아이롱 열펌 전문 헤어살롱으로 운영할 것”이라며 “국내 최초로 아이롱 열펌 전문 프랜차이즈 헤어살롱도 준비 중이다. 헤어살롱 명칭을 통일하지 않고 아이롱 열펌에 대한 기술을 공유하는 특화 프랜차이즈로 운영할 계획”이라고 설명했다.

조혜자 원장의 미용에 대한 열정은 끊임이 없다. 특히 자신이 공부한 것을 다른 사람에게 전수할 때 행복감을 느낀다는 조혜자 원장.

TV헤어 강사, 대한미용사회 중앙회 기술강사, 공주영상대학 외래교수, 대한미용사회 안양지부 상무위원, 아모스 아티스트 그룹 강사, 안양 미용연구회장 등의 직함은 조혜자 원장이 기술교육에 얼마나 열정을 쏟는지 보여준다.

조혜자 원장은 “최근 미용인들이 자기 기술력을 과신하는 분위기이다. 끊임없는 연구와 새로운 것에 대한 도전으로 자기 개발에 노력해야 한다”라며 “미용도 이제 전문직으로 대우를 받아야 한다. 미용인이 의사나 변호사처럼 전문인으로 대우받을 수 있도록 노력해야 한다”고 말했다.

박준뷰티랩 수원 아주대점

20대 젊은 주고객층과 온라인으로 소통

Manpower

대　　　표	손동수
원　　　장	홍동기
부 점 장	오혜미
실　　　장	김경미
디 자 이 너	쎄미, 박영재, 강찬영, 임진택

Info

- **영업시간**　오전 10시~오후 10시
- **연 락 처**　031-211-3436
- **포인트 &**　카페 정회원 20% 할인(하루 전 예약시 5% 추가 할인),
  제휴카드　하나SK카드·삼성카드 2~3개월 무이자 할부,
  　　　　　　롯데카드 5만원 이상 결제 시 2~5개월 무이자 할부
- **주　　소**　경기도 수원시 영통구 매탄동 153-34, 1층
- **홈페이지**　www.parkjun.com
- **카　　페**　cafe.daum.net/parkjun11
- **찾아가기**　라마다호텔 수원에서 아주대학교 삼거리 방향
  　　　　　　아주대학교 삼거리에서 롯데리아 옆

박준뷰티랩 수원 아주대점은 인계동과 아주대학교 인근의, 수도권으로 출퇴근하는 유동인구가 많은 상권에 위치해 있다. 특히 아주대학교가 인접해 있어 주변에 원룸단지가 형성돼 대학생을 중심으로 20대의 젊은 여성이 주 고객층을 이루며 신규 고객의 유입이 많은 것도 특징이다.

박준뷰티랩 수원 아주대점을 진두지휘하고 있는 손동수 대표는 박준뷰티랩 가맹점을 운영하기 이전에 10개의 헤어살롱을 운영하며 헤어살롱 경영에 탁월하다고 정평이 난 인물이다.

손동수 대표는 자신이 운영하던 헤어살롱을 박준뷰티랩으로 전환하며 현재 수원 아주대점을 비롯해 수원역점, 안산원곡점, 영통점 등 5개의 헤어살롱을 운영하는 박준뷰티랩 마니아다.

두피·탈모관리와 시너지 특히 탈모 및 두피 전문 관리센터인 닥터 스칼프도 20개의 매장을 운영하며 헤어살롱과 공동 프로모션을 진행하는 등 시너지 효과를 내고 있다.

박준뷰티랩 수원 아주대점은 231.4m²(70평) 규모에 블랙과 화이트를 기본 콘셉트로 하여 젊은 고객들의 취향에 맞는 세련된 인테리어가 눈길을 끈다. 또한 서비스 공간과 고객 휴게 공간을 분리해 공간 효율성을 높였다.

박준뷰티랩 수원 아주대점 3층은 교육실로 꾸며져, 매월 손동수 대표가 운영하는 박준뷰티랩 전 점의 직원이 모여 경영 전략 회의를 진행하며 디자이너와 스태프의 기술교육 공간으로 활용하고 있다.

박준뷰티랩 수원 아주대점의 기술교육은 박준뷰티랩 본사에서 진행하는 교육프로그램을 기초로 본사에서 진행하는 강사교육을 수료한 5~10년차 점장과 원장들이 디자이너와 스태프의 교육을 진행하고 있다. 특히 베이직, 남성, 살롱 커트 등 부문별로 카테고리를 세분화해 매월 집중 교육을 진행하고 있다.

서비스 및 인성 교육은 외부의 미용 컨설팅 업체가 월 1회 진행하고 있으며, 직원들을 대상으로 독서클

박준뷰티랩 수원 아주대점의 경쟁력

펌 열펌, 자연스러운 웨이브, 내추럴 컬 세팅 등을 추천한다.
컬러 웰라 염모제를 기본 염모제로 사용하고 있으며, 친환경 소재를 사용해 두피와 모발 손상이 없는 유피토스 프리미엄 염모제도 고객들에게 좋은 호응을 얻고 있다.
두피·모발관리 탈모·두피 전문 관리센터인 닥터 스칼프의 임상자료를 활용해 일반 헤어살롱보다 체계적이며 전문적인 두피관리를 진행한다.

럽을 운영해 매월 1회 주제 발표를 통한 서비스와 인성 교육에 나서고 있다. 이와 함께 매월 셋째주 수요일에는 손동수 대표가 직접 마인드 교육을 진행하고 있다.

또 지하를 밴드 연습을 할 수 있는 공간으로 꾸몄다.

타 분야와 공동프로모션 '효과' 손동수 대표는 "직원들에게 기술적인 공감대를 형성하는 것도 중요하지만 사내 밴드를 구성해 미용 이외의 문화적인 공감대를 형성해 직원들과의 유대감과 소속감을 높이고 있다"고 설명했다.

박준뷰티랩 수원 아주대점은 주 고객층인 20대 젊은 고객을 공략하기 위해 온라인과 블로그 마케팅을 활발하게 전개하고 있다. 외부 대행업체를 통해 블로그 마케팅을 진행해온 박준뷰티랩 수원 아주대점은 최근 전문 웹디자이너를 고용하고 수원 아주대점, 수원역점, 안산원곡점, 영통점을 통합한 카페를 운영하고 있다. 박준뷰티랩 수원 아주대점은 온라인과 블로그 마케팅을 통해 전체 고객의 25%가 매장을 방문하는 성과를 내고 있다.

또한 아주대학교 학생들을 대상으로 주변의 의류, 패션 등 타 브랜드 업체와 다양한 공동 프로모션을 진행하고 있다.

손동수 대표

'씨티 프로헤어'라는 브랜드로 10개의 헤어살롱을 10년 동안 운영했던 손동수 대표는 박준뷰티랩과 손잡고 헤어살롱 경영의 새로운 지평을 열어가고 있다.

손동수 대표는 "10년 동안 안정적으로 운영하던 헤어살롱을 메이저 브랜드로 교체하려 할 때 인테리어와 새로운 시스템 구축에

탁월한 헤어살롱 경영능력 정평 이익보다는 사람을 남기고 싶다

많은 투자를 하고도 실패할 수 있다는 부담이 있었다"며 "하지만 박준뷰티랩은 새로운 시장에 도전할 수 있는 기회와 프로페셔널의 가치를 부여할 수 있는 브랜드이기 때문에 전환에 나섰다"고 밝혔다.

이어 손 대표는 "박준뷰티랩으로 전환한 이후 7개월 만에 100%의 성장률을 나타냈다"며 "씨티 프로헤어부터 오랜시간 함께 손발을 맞춰 왔던 모든 팀원들이 주인의식을 가지고 함께 노력했기 때문"이라고 설명했다.

이익을 남기는 것보다는 사람을 남기는 경영을 하고 싶다는 손 대표는 "함께 일하고 있는 직원들이 현재 수준에 안주하지 말고 각자 헤어살롱의 경영자가 될 수 있는 기회를 제공하도록 노력할 것"이라며 "수원 아주대점을 모든 직원이 주인이 되는 헤어살롱으로 만들 것"이라고 포부를 밝혔다.

살롱 드 마샬 레이킨스몰점

'당신을 만족시키는 단 1인의 디자이너' 공간

롱 드 마샬 레이킨스몰점이 위치한 레이킨스몰은 현대백화점, 홈플러스, 메가박스가 입점한 초대형 쇼핑몰로 다양한 고객과 많은 유동인구를 자랑한다. 또한 킨텍스 제2전시장과 한류월드(건설 예정)를 비롯해 지하철 3호선 대화역과 주엽역, 인천국제공항, 김포공항과 인접해 있어 앞으로 일산의 중심으로 성장이 예상되는 상권이다.

2010년 오픈한 살롱 드 마샬 레이킨스몰점은 3000여 헤어살롱이 성업 중인 고양시 지역에서 10위권에 랭크될 만큼 빠르게 성장하며 고객들의 사랑을 받고 있다.

고객에 대한 차별화된 서비스는 고객만족을 넘어 고객감동이 이뤄져야 가능하다는 것이 살롱 드 마샬 레이킨스몰점 가족들의 일관된 생각으로, '살롱에서 단지 헤어스타일만 바꾼다는 편견을 버리자'는 모토 아래 전 직원이 매일같이 아이디어 회의를 통해 고객에게 감동을 줄 수 있는 제안을 연구하고 있다.

'당신을 만족시킬 수 있는 단 1인의 디자이너'의 공간, 그곳이 바로 살롱 드 마샬 레이킨스몰점이다.

시즌별 고객맞춤형 상품 제안 살롱 드 마샬 레이킨스몰점은 시즌별 고객맞춤형 기획상품을 고객들에게 제안하며 고객 중심의 마케팅 전략을 적극 펼쳐 고객감동을 넘어 고객충격의 만족을 선사한다.

Manpower

원　　　장	민욱
부 원 장	사라
디 자 이 너	이현, 윤영, 태원, 유정, 예림, 수진
홍 보 실 장	부성호

Info

- **영업시간** 오전 9시30분~오후 9시30분
- **연 락 처** 031-924-9247
- **제휴카드** 현대·삼성카드 무이자 3개월, 엔터식스서프라이즈 멤버십 회원 펌·염색·커트(클리닉 제외) 상시 30% 할인
- **주　　　소** 경기도 고양시 일산서구 대화동 2602 레이킨스몰 2층 246호
- **홈페이지** www.marshall.co.kr

살롱 드 마샬 레이킨스몰점의 경쟁력

커트 프랑스 L.C.F(Le Coiffeur de France) S/S , F/W 트렌드 세미나를 통해 커트 테크닉 및 트렌드를 보다 빠르게 고객에게 선보인다.

펌 살롱 드 마샬 레이킨스몰점에서 사용하는 펌제는 손상을 극소화하는 것 외에 열, 시간, 수분 조절 매뉴얼을 자체 보유하여 시너지 효과를 보고 있다.

컬러 염색 과정에서의 모발 손상을 보완하기 위해 '천연 곡물 염색'을 도입했다. 또 더욱 다양한 톤의 색상을 얻으면서도 모발과 두피 손상을 최소화하기 위하여 모든 시술 라인에 단백질 이온 구조인 펩타이드 나노(Nano)화 트리트먼트를 사용해 시술 전보다 오히려 머릿결이 좋아져 고객 만족도를 높였다.

두피 · 모발관리 고객들에게 가장 인지도가 높은 코베라 라인과 무코타 라인을 도입해 고객들이 검증된 제품으로 케어를 받는 것에 포인트를 두고 있다. 시술 전 반드시 시술 제품에 대한 설명과 상담을 통해 시술 만족도를 극대화하고 있다.

전 직원 회의를 통해 매주, 매월 진행할 이벤트와 프로모션을 선정해 보다 많은 혜택이 고객들에게 주어질 수 있도록 하고 있다.

입지 특성을 고려하여 지역별, 상권별로 온 · 오프라인 마케팅을 강화하고 카드사 제휴를 체결하는 등 고객에게 보다 많은 혜택이 돌아갈 수 있도록 다양한 마케팅 툴을 활용하고 있다.

또 난타, 도깨비 스톰 등 다양한 뮤지컬, 연극 등에 대한 협찬 및 제휴를 통해 브랜드 홍보에도 적극적이다. '약속 지킴이 카드'를 통하여 고객들의 만족도를 항상 모니터링해 서비스의 질을 높여 고객들의 만족도를 극대화하기 위해 노력하고 있다.

넘치는 재능과 열정이 인상적인 민욱 원장은 살롱 드 마샬의 젊은 피를 대변하는 실력파 헤어디자이너다.

민욱 원장은 살롱 오픈 전 상권 분석을 통한 주 고객층 설정은 물론 차별화된 홍보, 마케팅 정책 등 체계적인 경영 방식을 도입해 주변의 살롱과 차별화했다.

교육 통해 직원에게 비전 제시 소통 통하여 고객만족 극대화

민욱 원장은 "고객에게 만족을 주기 위해서는 직원들과 가족같은 유대감이 중요하다. 직원이 있어야 고객이 있다고 생각하기 때문"이라며 "직원들에게 교육을 통해 비전을 제시해 줄 수 있는 살롱을 만들기 위해 노력 중이다. 직원 교육의 가장 중점을 두고 있는 부분은 '성장'이다. 테크니션으로서뿐 아니라 인간 내면적 발전까지 멘토링을 통하여 성장시킨다는 뜻"이라고 말했다.

또한 기술교육도 디자이너와 스태프 등 직급에 맞도록 연간 계획에 따라 체계적으로 실시하는 등 현장에서 도움이 되는 실질적인 교육시스템을 운영하고 있다.

'살롱이 단지 헤어스타일만 바꾸는 곳'이 아닌 고객에게 휴식과 가족과 같은 편안함을 선사하는 살롱 드 마샬 레이킨스몰점은 고객 만족의 극대화를 위해 고객과 커뮤니케이션을 강화하고 있다.

살롱 드 마샬 메타폴리스점

기술·고객 소통·서비스 '삼박자 완벽'

Manpower

점　　　장	김인수
실　　　장	정수안, 리니
팀　　　장	바비
디 자 이 너	정하, 젬마, 선우, 은샘, 수영, 고지미, 성범

Info

- **영업시간** 오전 9시30분~오후 9시30분
- **연 락 처** 031-8003-5660
- **제휴카드** 신한카드 및 체크카드 전품목 15%(커트, 클리닉 제외), 국민KB카드, 시티은행 신용카드, 현대카드 전품목 10% (커트, 클리닉 제외), 우리카드 펌, 염색 20%(커트, 클리닉 제외), 엔터식스 카드 전품목 30% 할인
- **주　　　소** 경기도 화성시 반송동 96-98번지 메타폴리스A, A블록 2층 (8~10호)
- **홈페이지** www.marshall.co.kr

살롱 드 마샬 메타폴리스점이 경기도 동탄 지역의 고급 살롱의 메카로 새롭게 떠오르며 이목을 집중시키고 있다.

살롱 드 마샬 메타폴리스점이 입점한 동탄 메타폴리스는 초대형 주상복합 쇼핑몰로 10대나 20대 소비자층뿐만 아니라 중장년층과 외식문화 그리고 비즈니스 관련 업체들을 타깃으로 한 쇼핑몰이다. 더불어 동탄 신도시가 조성되면서 유동인구가 증가하며 동탄의 랜드마크가 될 것으로 전망되고 있다.

고전적 명품 살롱 이미지에 웰빙 콘셉트 접목

살롱 드 마샬 메타폴리스점은 전통 있는 명품 살롱의 고전적인 이미지에 현대인이 추구하는 웰빙 콘셉트를 접목시켜 여유로운 휴식 공간 개념을 인테리어에 반영해 몸과 마음을 재충전하는 헤어살롱으로 운영되고 있다.

또 이중효과를 준 조명으로 시술공간은 밝고 환하게, 대기공간은 간접조명으로 카페 분위기를 냈고, 샴푸 공간은 눈부심을 방지하는 조명을 사용했다.

특히 어린이 고객들이 시술을 받을 때는 아이패드 등 태블릿 PC를 이용해 어린이들이 좋아하는 동영상을 보여주는 세심한 배려도 아끼지 않았다.

살롱 드 마샬 메타폴리스점은 인테리어뿐만 아니라 살롱 마케팅과 경영에서도 차별화를 둬 음료 메

살롱 드 마샬 메타폴리스점의 경쟁력

커트 전 직원이 프랑스 L.C.F(Le Coiffeur de France) 트렌드 세미나에 참가해 새로운 기술과 트렌드를 고객에게 빠르게 적용한다.
컬러 디자이너를 대상으로 전문 컬러리스트의 교육을 진행해 컬러에 대한 이해도를 높였다.
두피 · 모발관리 별도 공간으로 마련된 헤어케어실에서 조용한 음악과 서비스를 받으며 릴렉스한 클리닉을 받을 수 있다.

뉴 · 월별 이벤트 등 독특하고 참신한 아이템들이 고객의 기대치를 충족시키고 있다.

특히 신한카드, 국민KB카드, 현대카드 등 다양한 카드사와 제휴를 체결해 고객들에게 많은 혜택을 제공하고 있다.

살롱 드 마샬 메타폴리스점 주변에는 삼성전자, 제약기업 연구소, 중소기업이 입점해 있어 이른바 '사모님' 고객들도 많이 방문하고 있어 헤어스타일뿐만 아니라 고객 성향에 맞는 의상과 코디네이션까지 제안해 차별화에 나서고 있다.

또한 살롱을 방문하는 모든 고객에게 두피 마사지를 포함해 10분 이상 샴푸 서비스를 진행하는 것도 살롱 드 마샬 메타폴리스점만의 경쟁력이라 할 수 있다.

살롱 드 마샬 메타폴리스점의 체계화된 교육시스템은 헤어디자이너의 탄탄한 실력으로 이어져 고객감동을 실현한다.

매월 2회 헤어디자이너와 실장급이 참여해 커트, 펌, 컬러의 부문별 교육을 진행하며, 살롱 드 마샬 본사에서 진행하는 기술교육에 참여한다.

또한 주 1회 고객 접대 및 서비스 교육을 외부 강사를 초청해 진행하고 있다.

김인수 점장 ●

살롱 드 마샬의 메타폴리스점을 이끌고 있는 실력파 헤어디자이너 김인수 점장.

기술력만큼은 국내 최고라고 자부하는 김인수 점장은 "우수한 디자이너를 스카우트하기 위해 기숙

고객에게 행복 · 휴식 제공하는 사랑방처럼 편안한 살롱이 목표

사를 제공하는 등 살롱의 경쟁력을 높이기 위해 노력하고 있다"며 "살롱 드 마샬 메타폴리스점의 디자이너 중 70%는 서울에서 인정받은 탄탄한 실력을 갖추고 있어서 최고의 헤어스타일을 연출한다"고 강조했다.

우수한 기술력은 매출과도 직결돼 메타폴리스점은 지난 2월 살롱 드 마샬의 매장 중 매출 전체 1위에 올랐다.

김인수 점장은 "우수한 기술력을 바탕으로 고객들과 소통하고, 고품격의 서비스를 일관되게 제공한 것이 살롱 드 마샬 메타폴리스점이 고급 살롱으로 성장한 배경"이라며 "고객들이 찾기 부담스러운 살롱이 아니라 편안한 휴식을 제공하는 사랑방 같은 살롱을 만들기 위해 노력하고 있다"고 강조했다.

김인수 점장은 직원들과 비전을 공유하며 서비스의 품격을 높여 고객에게 행복을 주는 살롱으로 만들겠다는 포부를 밝히면서 "변하지 않는 순수한 마음으로 고객과 직원들을 대한다면 틀림없이 인정받는 살롱이 될 것"이라고 강조했다.

슈와리 뷰티살롱

현장 실무 · 이론 담긴 탁월한 기술 인정받아

Manpower

- 대 표 이 사 이선심
- 원   장 강민
- 수석디자이너 조혜정
- 실   장 최현정
- 디 자 이 너 수진, 선예, 하계정, 시후, 지윤경
- 스타일리스트 ROI

Info

- **영업시간** 오전 9시30분~오후 9시30분
- **연 락 처** 031-716-2010
- **포인트&제휴 서비스** 시술금액 5~10% 포인트 적립
  주변 상업시설 및 브랜드와 제휴 할인
- **주   소** 경기도 성남시 분당구 수내동 20-6 동현프라자 2층
- **홈페이지** www.choixlee.co.kr

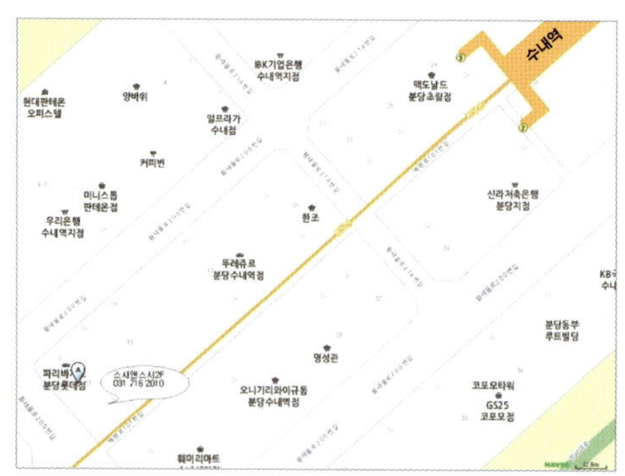

슈와리 뷰티살롱은 경기도 성남시 분당구 수내역 인근의 역세권 상권에 자리 잡고 있다. 롯데백화점을 중심으로 주상복합아파트, 오피스텔 등 주거지역과 상가가 형성돼 있어 고객층은 10대부터 60~70대까지 다양하다. 주 고객층은 20~40대이다.

시원스럽게 탁 트인 통유리 구조의 슈와리 뷰티살롱은 엔틱의 고급스러움과 카페테리아에서 느낄 수 있는 편안함이 조화를 이룬 인테리어가 인상적이다.

약 330㎡(100평) 규모에 미용경대 21대와 피부관리, 네일, 두피케어 등이 독립 공간으로 배치돼 전문적인 서비스를 제공한다.

체계적 교육시스템 '강점' 슈와리 뷰티살롱의 교육시스템은 정기교육과 비정기교육으로 진행되고 있다.

슈와리 뷰티살롱의 경쟁력

커트 모던 클래식이란 콘셉트로 슈와리 뷰티살롱의 정통 스타일을 바탕으로 최신 트렌드를 접목시켜 현대적으로 재해석한 스타일을 추구한다.

펌 정통 열펌에 수분을 이용한 찜펌 형태로 굵고 탄력 있는 웨이브로 고객의 만족을 얻어내고 있다. 모든 펌에 클리닉을 접목시켜 손상을 극소화하는 데 주력하며 차별화된 천연 펌으로 모발 손상은 최소화하며 탄력적인 펌을 시술한다.

컬러 웰라와의 오래된 교류로 많은 정보와 기술력을 제공받고 스태프부터 디자이너까지 전 직원이 웰라 에센셜컬러교육(ESS3 단계, ECD3 단계)을 이수했다. 컬러 전용 천연 영양제로 염색 시 두피와 모발을 동시에 보호해주는 차별화된 클리닉 시스템이다.

두피·모발관리 두피케어 부문은 메뉴의 다양화, 시술 가격의 다양화로 고객의 선택의 폭을 넓혔다. 쿠폰 5회권 또는 10회권 구매 시 할인 혜택과 함께 두피 제품을 동시에 증정하는 서비스를 제공한다.

헤어케어 부문은 모발 상태를 정확히 파악해서 그 모발에 맞는 케어 제품과 단계별 케어를 진행할 수 있도록 충분한 상담을 통해 시술을 진행한다.

피부관리 오랜 노하우를 바탕으로 개발한 테크닉을 이용한 근막이완요법을 사용해 근육의 각 부분들과 근육을 둘러싸는 근막, 사각근, 흉쇄유돌근 잡아주기 등 차별화된 서비스를 제공한다.

정기교육은 최고전문가 양성과정과 디자이너 양성과정으로 세분된다. 최고전문가 양성과정은 경영관리·세무회계·홍보·마케팅전략·리더십을 주제로 하는 슈와리 마스터교육, 고객관리·직원관리·접객 등을 교육하는 슈와리 매니저교육, 커트·펌·컬러 등의 흐름을 제시하고 알려주는 교수법 트레이너 과정으로 구성됐다.

여기에 더해 최신 헤어 트렌드를 연구하고 개발해 발표하는 슈와리 헤어디자인 포럼은 디자이너들의 실력을 한 단계 업그레이드해준다.

디자이너 양성과정은 컬러 교육을 비롯해 PCC1(인성, 서비스, 기초 기술), PCC2(인성, 접객, 서비스, 커트, 드라이, 펌), 스태프 경력 2년6개월 미만을 대상으로 하는 PCC3(인성Ⅱ, 서비스Ⅱ, 커트Ⅱ, 드라이Ⅱ, 펌Ⅱ)을 진행하며, 디자이너 승급 테스트를 위한 트레이닝 과정인 PCC4와, 신인 디자이너 교육을 위한 PCC5 과정으로 구성됐다.

비정기교육은 시즌 또는 분기별로 외부에서 커트, 펌, 컬러 부문의 강사를 초빙해 진행하고 있다.

이와 함께 장기 근속직원들을 대상으로 해외연수를 실시해 새로운 교육환경을 제공하고 있다.

다양한 프로모션 진행 슈와리 뷰티살롱은 고객들에게 보다 많은 혜택을 제공하기 위해 다양한 히트 패키지 상품 등 프로모션을 진행하고 있다. 시술 금액의 5~10%를 적립해서 만점 단위로 시술 금액으로 사용할 수 있는 포인트 제도를 운영하고 있으며, 주변 상업시설 또는 브랜드와의 제휴를 통해 월별 할인 및 다양한 사은품을 제공하고 있다.

이선심 대표이사 ●

슈와리 뷰티살롱은 최고의 미용기술로 다양한 헤어스타일을 창출해 고객만족 서비스를 제공하는 쉼터 역할을 표

미용사회 경기도지회장 맡아 활동
'사람 존중' 실천 … 미용봉사 열심

방하고 있는 헤어살롱이다.

슈와리 뷰티살롱의 대표이사이자 대한미용사회 경기도지회장을 맡고 있는 이선심 대표는 슈와리 뷰티살롱의 미용기술은 국내 최고 수준이라고 자부한다.

이선심 대표는 "대한미용사회중앙회 기술분과 위원으로 다년간 활동하면서 세계대회도 많이 출전해 세계적 트렌드와 정보를 빠르게 접할 수 있었다"고 말했다.

이어 "미용기능장으로서 출제위원으로도 수년간 활동했으며, 숙명여대 미용산업대학원 최고지도자 과정의 주임교수로서 후학들을 양성하는 등 현장 실무 경험과 이론을 통해 얻어진 지식과 기술을 슈와리 뷰티살롱의 직원들과 함께 구현하는 데 최선을 다하고 있다"고 덧붙였다.

사람과 사람의 신뢰를 존중하고 '사람 존중'을 경영철학으로 미용의 길을 걷고 있는 이선심 대표는 미용을 통해 꾸준히 봉사활동을 펼치는 것으로도 유명하다. 특히 사랑미용봉사단을 창립해 경기도 내의 낙후된 지역과 장애인, 독거노인 등 경제적 자립 기반이 취약한 소외계층을 직접 찾아가 봉사활동을 펼치고 있다.

또한 2010년에는 몽골 울란바토르대학교와 경기도지회가 MOU를 체결해 약 1000명의 주민을 대상으로 헤어커트 봉사를 진행하는 등 해외 봉사활동에도 적극 나서고 있다.

오컷헤어살롱

고객에 가족처럼 친근하게 … 모녀 함께 운영

Info
- **영업시간** 오전 9시~오후 9시
- **연 락 처** 031-357-0444
- **주   소** 경기도 화성시 남양동 1239-1번지
- **찾아가기** 경기도 화성시 남양시장 내

경기도 화성시 남양동에 위치한 오컷헤어살롱은 모녀가 함께하는 살롱, 원장이 공부하는 살롱으로 유명하다.

남양동서 30여년 … 지역주민 사랑방 같은 살롱 오컷헤어살롱 정기분 원장은 30여 년 동안 남양동에서 오컷헤어살롱을 운영하고 있는 터줏대감으로 주고객층 또한 남녀노소를 가리지 않고 다양한 고객들이 헤어살롱을 찾고 있다. 특히 오일장이 열리는 장날이면 오컷헤어살롱은 지역주민들이 삼삼오오 모여 이야기를 나누며 서비스를 받는 사랑방으로 변신해 활기가 넘친다.

정기분 원장이 말하는 오컷헤어살롱의 가장 큰 경쟁력은 고객들에게 가족과 같은 친근감을 준다는 것이다.

정 원장은 "30여년 동안 한 곳에서 헤어살롱을 운영하며 지역주민들과 가족처럼 지내고 있다"면서 "나이가 지긋하신 어르신 고객에게는 딸이 되고, 젊은 고객들에게는 어머니나 친언니가 돼 개인의 소소한 문제도 함께 나누고 있다"고 말했다.

모든 고객에게 가족을 대하는 마음으로 서비스를 한다는 정 원장은 "모든 고객에게 어떠한 상황에서도 항상 최선을 다한다는 마음으로 서비스를 하고 있다"며 "고객이 무엇을 원하는지 미리 파악하고 먼저 다가가는 것 또한 고객과 친밀감을 높이는 방법"이라고 소개했다.

오컷헤어살롱은 모녀가 함께하는 살롱으로도 유명하다. 현재 딸과 함께 헤어살롱을 운영하고 있는 정 원장은 이화여대 최고경영자 과정을 7기로 졸업했으며, 딸 박혜인 디자이너는 19기로 2011년 졸업했다. 특히 박혜인 디자이너는 2011년 인천광역시 기능경기대회에서 미용직종 부문 은상을 차지한 실력파로 알려져 있다.

정 원장은 "대학에서 경영학을 공부하던 딸이 진로를 바꿔 미용의 길로 들어왔다"며 "묵묵히 자기의 위치에서 미용에 대한 열정을 쏟으며 공부를 소홀히 하지 않는 딸과 함께 헤어살롱을 운영하는 것이 자랑스럽다"고 말했다.

사회생활을 시작하며 남들보다 늦은 나이에 미용계에 입문한 정 원장의 미용에 대한 열정은 남다르다. 특히 새로운 것을 배우기 위한 학구열은 정 원장이 경기도지사배 미용대회 대상, 전국 미용대회 금상을 차지하고 올해 13기 기술강사로 합격하는 원동력이 됐다.

항상 감사하는 마음으로 꾸준히 공부 정 원장은 "30여년 동안 미용업계에 종사하며 항상 감사하는 마음

으로 미용에 대한 공부를 꾸준히 한 결과 기술강사에 합격하는 좋은 성과를 올려 미용인으로 자부심을 느낀다"며 "기술강사에 만족하지 않고 미용장에 도전하기 위해 앞으로도 미용에 대한 공부에 정진할 것"이라고 강조했다.

이처럼 정 원장의 미용에 대한 학구열은 이화여대 최고경영자 과정 7기 동문들과 매월 헤어세미나와 트렌드 발표를 진행하며 새로운 기술과 정보 교류에 나서는 원동력이 되고 있다. 특히 서울을 비롯해 전국 어디서든 헤어세미나가 개최되면 헤어살롱의 문을 닫고 달려간다.

정 원장은 "세미나 참석을 위해 헤어살롱을 닫을 때에는 항상 고객들에게 '새로운 기술과 트렌드로 서비스를 하겠습니다' 라는 문구를 고지하고 있다"며 "이제 고객들도 오컷헤어살롱은 원장이 공부하는 헤어살롱으로 최신의 기술과 트렌드를 제공하는 헤어살롱으로 유명해지면서 고객들의 신뢰도가 높아졌다"고 말했다.

▲오컷헤어살롱은 모녀가 함께 하는 헤어살롱으로 경기도 화성시에서 유명하다.

정기분 원장 ●

정기분 원장은 경기도에서 5번째로 면적이 넓은 화성시의 대한미용사회 화성시지부장을 맞아 열정적인 행보를 보이고 있다.

대한미용사회 화성시지부장 맡아
회원 교육 · 소통 위해 헌신적 활동

370여 명의 회원이 소속돼 있는 화성시지부는 정기분 원장을 중심으로 이향란 · 김현선 부지부장, 이태순 · 신영순 · 송재공 · 김지숙 · 우근주 · 김양숙 · 안미영 · 조미자 · 김미라 상무위원, 정종순 · 윤석미 감사가 지부 운영을 책임지고 있다.

화성시지부는 정기적으로 임원회의를 열어 합리적이고 투명한 지부 운영은 물론 회원 상호간에 서로 협력하고 정보와 기술 등을 서로 공유하며 소통이 잘되는 지부이다.

또한 화성시지부는 봉사조를 편성해 정기적으로 관내에서 봉사활동을 펼치고 있으며, 경기도 사랑봉사단이 창립된 이후 봉사활동은 더욱 체계적이고 활발하게 이뤄지고 있다.

봉사활동과 더불어 정기분 원장은 회원들이 새로운 선진 기술을 배울 수 있는 다양한 정보와 기술세미나를 통해 경쟁력을 갖출 수 있도록 노력하고 있다.

정 원장은 "지방 지회의 경우 회원들이 서울에서 개최되는 트렌드 세미나와 기술교육에 참여할 기회가 많지 않다"며 "화성시지부는 2개월마다 외부에서 강사를 초빙해 기술교육을 진행하며 회원들의 경쟁력 확보에 나서고 있다"고 설명했다.

정 원장은 지부장 임기가 끝날 때까지 후배 양성은 물론 회원들의 교육과 소통을 위해 한발 더 뛸 각오다. 정 원장은 "임기 동안 회원들의 교육을 위한 새로운 교육장을 만들어 보다 좋은 환경에서 기술교육에 집중할 것"이라며 "회원들의 업소를 1:1로 방문해 어려운 실정을 직접 듣고 발로 뛰어 회원들과 소통해 회원들이 어렵고 힘들 때 함께 따뜻하게 위로하고 좋은 일은 함께 나누며 화성시지부가 전국 최고의 지부로 발전할 수 있도록 노력할 것"이라고 전했다.

우광순 헤어크리닉

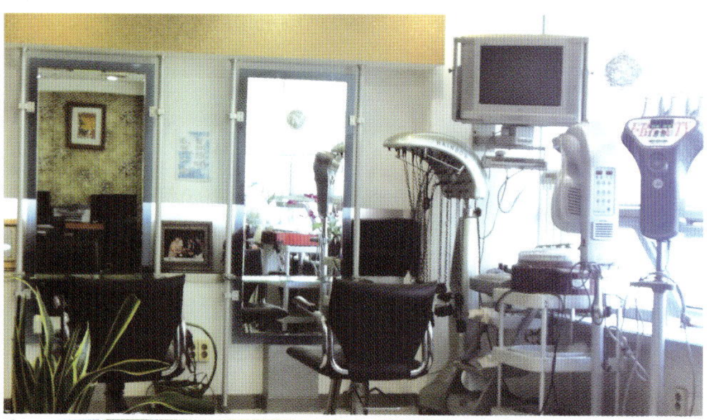

Manpower

원　　　장 우광순
실　　　장 조은
디 자 이 너 혜미, 정은

Info

- **영업시간** 오전 10시~오후 8시(일요일 휴무)
- **연 락 처** 031-203-2756
- **주　　소** 경기도 수원시 영통구 영통동 996-4 보보스프라자 304호
- **찾아가기** 경기도 수원시 영통구 영통동 홈플러스영통점에서
　　　　　　영통사거리 방향으로 100m 이내

경기도 수원시 영통구 영통동에 위치한 우광순 헤어크리닉은 대한미용사회 경기도지회 수원시 영통구지부장인 우광순 원장이 운영하는 지역 대표 헤어숍이다.

개업 10주년을 맞은 우광순 헤어크리닉은 약 165㎡(50평) 규모이며 골드와 화이트가 믹스된 심플한 인테리어와 건너편의 산이 보이는 탁 트인 전망으로 고객들에게 편안한 느낌을 주는 쉼터가 되고자 한다.

고객신뢰, 자연스레 입소문 나 수원에서 발달 상권으로 손꼽히는 영통구에 자리 잡고 있다보니 우광순 헤어크리닉을 찾는 주 고객은 학생, 교직자, 주부, 전문직 등 10대부터 60대까지 다양한 직업과 연령층을 가진 가족 단위의 고정 고객이다. 특별한 홍보 수단이 없음에도 불구하고 우 원장이 다른 미용실에서 근무하던 시절부터 시술받아 온 고객과의 사이에 쌓여 온 신뢰와 입소문을 바탕으로 충성고객이 많다.

고객관리 및 마케팅은 헤어시스시스템으로 고객 명단, 시술 내역을 매일 관리하고 있으며 문자 및 메일링 서비스를 제공하고 있다.

우광순 헤어크리닉에서 누릴 수 있는 혜택은 시술 시 자체 포인트를 10%씩 적립해 주고 일정 금액 이상 되면 현금처럼 사용할 수 있다. 또 생일이 낀 한 달 동안 헤어서비스 이용 시 1회 30%를 할인해준다.

고객 마음까지 읽는 시술 우광순 헤어크리닉은 고객의 두상과 이미지 등을 고려해 가장 어울리는 스타일과 장점을 최대한 살린 시술에 중점을 둔다.

또 고객의 마음을 읽어 필요한 시술을 제안해주고 콘셉트와 시즌에 맞춘 헤어스타일을 완성해준다.

특히 혼주 메이크업과 업스타일은 자칫하면 나이 들어 보일 수 있는데, 이곳을 이용한 고객들은 나이 들어 보이지 않고 자연스러운 헤어와 메이크업을 동시에 받을 수 있어 만족도가 높다는 것.

디자이너 교육의 경우 한 달에 한 번씩 자체 및 외부 교육 기관을 통해 시술의 전반적인 실무 교육을 실시해 살롱시스템 체계를 강화하고 있다. 특히 고객을 대하는 마인드와 서비스 정신, 인성 교육 등에 더욱 중점을 두고 있다.

우광순 헤어크리닉의 경쟁력

커트 머리카락에 층을 주는 테크닉을 통해 전체적으로 머리결의 볼륨을 살려 더욱 어려보이도록 연출해 주는 볼륨 커트를 추천한다.

펌 웰라, 아모스, 시세이도 제품을 사용하고 무코타 클리닉 제품으로 시술 시 모발 손상을 줄여 준다. 특히 천연 제품을 이용해 시술하는 천연펌은 머리결에 탄력을 부여해 준다.

컬러 백모 염색 시 대미 제품을 사용하기 때문에 모발과 염색약이 따로 분리되지 않고 밝은 머리까지 고루 염색되는 장점이 있다.

두피·모발관리 두피, 탈모, 모발 관리의 토털 솔루션 허브 케어 시스템 가맹점으로 인체에 안전한 100% 천연 한방 약재로 만든 제품을 사용해 각종 두피 질환, 건선, 비듬, 가려움증, 탈모, 두피 경화, 지루성 두피 염증을 개선해준다. 또 두피 혈행을 촉진하기 위한 스켈링, 영양 및 수분 공급, 두피 살균 등 두피 클리닉을 병행하고 있다.

우광순 원장

우광순 헤어크리닉을 방문하는 고객에게 헤어 스타일의 변화로 인해 아름다운 마음을 갖게 하고 행복한 삶으로 이

고객의 행복·감동에 큰 보람
미용계·이웃 위한 봉사 지속

어질 수 있도록 감동을 선사하고 싶다는 게 우광순 원장의 경영철학이다.

미용업에 종사한 지 35년 세월이 지난 우 원장은 고객 맞춤 서비스로 만족을 주기 위해 오늘도 일에 대한 열정을 갖고 끊임 없이 배우며 노력하고 있다.

우광순 원장은 "직원을 넘어 우리는 하나라는 가족의식으로 숍을 운영 중"이라며 "지나친 가격 경쟁을 하는 일부 헤어숍들과는 달리 그동안 쌓아온 노하우를 바탕으로 일정 가격을 고수하며 고객에게 최상의 서비스로 보답하는 것을 원칙으로 삼고 있다"고 설명했다.

이어 "철저한 고객맞춤 서비스를 위해 고객의 두상, 이미지, 직업 등을 고려해 헤어 스타일을 제안해주기 때문에 어떤 스타일이 나에게 어울리는지, 헤어에 변화를 주고 싶은데 어떻게 해야 할지 고민하지 않아도 되고 시술 후 이미지와 스타일 변신에 성공한 고객들의 만족도가 매우 높다"고 자부했다.

우 원장은 "기존 고객을 바탕으로 신규 고객 유치를 통해 서브 디자이너들이 능력을 발휘할 수 있도록 돕겠다"며 "디자이너 인력 충원을 통해 더욱 품격 있는 살롱을 만들겠다"고 포부를 밝혔다.

헤어숍 이외에도 대한미용사회 경기도지회 수원시 영통구지부장을 맡고 있는 우광순 원장은 미용인들이 상생하기 위한 길을 모색하고, 장애인 단체를 방문해 헤어 시술 봉사 활동을 하며 이웃과 나누는 삶을 살며 보람을 느끼고 있다.

우광순 원장은 영국 비달사순, 이화여대 미용아트 최고지도자 전문과정 2기, 토니앤가이 커트, 피봇 포인트 커트 등을 수료했다.

이승미 헤어모드

기술 · 서비스 뛰어난 '미용기능장운영업소'

▲이승미 원장은 G20 정상회담 포멀 스타일 갈라쇼의 고전머리를 담당하고, 여러 해외 작품전시회에 참가해 국내 헤어기술을 세계에 알렸다.

Manpower ●

원　　장 이승미
디 자 이 너 최윤희, 박소영, 윤은주, 이희주
매 니 저 이양일

Info ●

- **영업시간** 오전 10시~오후 8시(연중무휴)
- **연 락 처** 031-982-0089
- **주　　소** 경기도 김포시 사우동 942번지 두손프라자 1층 102호
- **찾아가기** 경기도 김포시 사우동 주민자치센터 앞 두손프라자 1층

경기도 김포시청 부근 사우동에 위치한 이승미 헤어모드는 '미용기능장운영업소'로 김포에서 머리를 가장 잘 하기로 유명한 헤어숍이다.

미용기능장은 미용사 자격을 취득한 지 만 8년 이상의 경력을 갖춰야 응시할 수 있으며, 이를 취득한 국내 헤어 디자이너는 현재 400여 명에 불과하다.

공무원, 교직자, 전문직, 회사원, 자영업자 등 20~50대의 다양한 고객층을 확보하고 있으며 강화, 목동, 수원, 강남 등지에서 일부러 찾아오는 단골 고객들로 숍은 하루 종일 붐빈다. 특히 상가의 1층 요충지에 위치해 신규 고객도 일평균 10명 이상이다.

이승미 원장 노하우 담은 '리셋 클리닉' 운영

이승미 헤어모드는 편안한 서비스와 뛰어난 기술력으로 최선을 다해 고객을 만족시킨다. 고객의 얼굴형과 이미지에 어울리면서도 니즈를 반영한 헤어스타일을 찾아주고 시술 이후 스타일 관리를 손쉽게 할 수 있도록 도와준다.

특히 컬러와 펌으로 인한 머릿결 손상이 걱정인 고객을 위해 이승미 원장의 노하우가 담긴 리셋 클리닉을 선보이고 있다.

또한 결혼, 돌, 면접, 졸업, 연주, 모임, 맞선 등에 참석하는 경우라면 장소와 목적에 따른 이미지 메이킹을 통해

메이크업과 업스타일을 연출해 준다.

이승미 원장은 직원들에게 인성과 기술을 강조하면서 자신감을 북돋아 주고 비전을 제시해 미래를 꿈꿀 수 있도록 해준다. 이를 통해 직원들은 자부심을 가지고 고객을 대하고, 이는 고객 신뢰로 이어지는 비결이다.

이승미 헤어모드는 헤어짱시스템으로 5000여명의 고객을 관리하고 있다. 시술 20일 후 문자 서비스를 통해 사후 관리도 꼼꼼히 챙긴다.

고객을 위한 혜택은 사전 예약자에 한해 일반 고객 5%, VIP 고객 10% 할인, 펌 및 염색 시술 고객에게 무료 클리닉 쿠폰 증정, 신규 등록 고객에게 20% 할인 쿠폰 증정, 신규 고객 소개 시 자체 포인트 3000점을 지급한다.

이승미 헤어모드의 경쟁력

커트 고객의 얼굴형과 트렌드를 고려해 어울리는 헤어스타일과 세련되고 다양한 커트를 받을 수 있다.

펌 이승미 헤어모드만의 리셋클리닉은 펌으로 인한 머릿결 손상 없이 풍성하고 건강한 모발을 유지해준다. 특히 열펌은 건강한 머릿결은 유지하면서 탄력있는 웨이브를 만들어 준다.

컬러 로레알 제품을 사용해 머릿결 손상은 줄이고, 컬러 트렌드에 맞게 시술해 준다. 염색에 처음 도전한다면 마이 퍼스트 컬러 서비스, 펌 직후에 하는 다이아 컬러 시술의 쉐입&컬러 서비스, 이전 컬러 시술 후 퇴색된 색감을 다시 살려주고 싶을 땐 컬러 리프레쉬 서비스, 자연스러운 백모 커버와 은은한 컬러의 세련된 블렌딩의 블렌딩 커버 서비스, 탁해진 헤어 색상에 반짝임을 주고 싶을 땐 포토 글로스 서비스를 받을 수 있다.

두피·모발관리 로레알, 에코클리닉 제품을 사용한 헤어 케어를 비롯해 머릿결은 살리고 손상을 줄여주는 리셋 클리닉을 선보이고 있다.

이승미 원장

이승미 원장은 18년 전 평범한 회사원이었지만 미용의 매력에 끌려 미용업을 시작했다. 이후 미용사기능장을 취

헤어기술·감성서비스 탁월
G20 정상회담 갈라쇼 담당

득하고 대한미용사회중앙회 기술강사 및 국가대표, 헤어쇼 트레이너 및 해외 작품전시회 참여 등 왕성한 활동을 펼쳐 왔다. 특히 2010년 열린 G20 정상회담에 앞서 열린 포멀 스타일 갈라쇼에서 고전머리를 담당해 국내 헤어 기술을 세계에 널리 알리기도 했다.

이처럼 화려한 경력을 자랑하는 이승미 원장은 "칭찬받기보다는 스스로에게 인정받기 위해 초심을 잃지 않으려고 끊임없이 노력하고 있다"며 "이승미 헤어모드는 탄탄한 기술력과 편안함을 주는 서비스로

고객이 만족할 수 있도록 전 직원이 최선을 다하고 있다"고 밝혔다.

이 원장은 "헤어기술 면에서는 자신 있다. 여기에 감성 서비스를 더해 빠르게 변하는 헤어 트렌드를 파악하고 고객의 얼굴형, 이미지 등에 잘 맞게 재해석해 헤어스타일을 완성한다"며 "고객이 믿고 맡기고 완성된 헤어스타일에 만족하면 가장 보람 있고 행복하다"고 말했다.

이어 "건강한 머릿결을 최우선으로 생각하고 시술 후 집에서 손질하기 쉽게 하자는 방침 아래 리셋 크리닉을 도입해 고객 만족도를 높였다"고 설명했다.

이승미 원장은 헤어숍 운영과 동시에 틈틈이 대학 강의를 하며 후학 양성에도 힘쓰고 있다. 현재 서정대 피부미용학 겸임교수로 재직 중이며, 숙명여대에서 헤어 석사 과정 강의를 앞두고 있다. 또 지역 발전과 미용인의 이미지 제고를 위해 김포 아리수라이온스클럽회장 취임을 앞두고 있으며, 평소 주변 독거노인, 장애인 등 소외계층의 머리 손질 등 봉사도 잊지 않는다.

이 원장은 "그동안은 나를 위해 공부하고 투자해 왔다. 앞으로는 지역사회 발전과 후학 양성을 위해 힘쓸 계획"이라고 포부를 밝혔다.

헤어샤믈렛

천연 제품 사용 ··· 모발 손상 · 두피 자극 최소화

Manpower

원　　　장	김장순
실　　　장	박초록
디 자 이 너	유실혜, 정민지

Info

- **영업시간** 오전 10시~오후 9시(둘째, 넷째 화요일 휴무)
- **연 락 처** 031-747-6949
- **주　　 소** 경기도 성남시 중원구 상대원3동 780
- **홈페이지** blog.naver.com/son06949
- **찾아가기** 경기도 성남시 중원구 금상초등학교 맞은편

경기 성남시 상대원동에서 20년 역사를 자랑하는 헤어샤믈렛은 정직과 신뢰를 모토로 삼아 천연 제품을 전문으로 사용하는 미용실이다.

뛰어난 실력 ··· 인근 도시서도 고객 찾아 성남의 구 시가지에 위치한 헤어샤믈렛은 뛰어난 실력과 천연 제품을 바탕으로 최고급 살롱을 추구하면서 성남은 물론 송파, 분당, 경기도 광주 등에서 단골 고객을 확보하고 있다.

또 10대부터 60대까지 연령층도 다양하고 입소문을 통한 가족단위 고객들도 많다.

헤어샤믈렛만의 차별화 전략은 천연의 좋은 제품을 사용해 모발 손상을 줄이고 두피 자극을 최소화하는 시술로 100% 고객만족을 이끌어내는 것이다.

특히 잦은 염색과 화학 시술 등으로 손상된 모발을 천연 제품을 사용해 강알칼리화된 모발 손상 부분을 약산성화시키는 것에 중점을 둔다. 또한 PPT와 PH조절제의 역할을 동시에 해줘서 화학 시술 시 잔류하는 중금속을 바로 제거해 준다.

▲헤어샤믈렛은 천연 식품 재료 25종과 한방 성분을 함유한 천연 제품을 이용해 고객만족을 끌어내고 있다.

솔잎, 다시마, 톳, 검은깨, 마늘, 양파, 검정콩, 청국장, 시금치 등 100% 천연 식품 재료 25가지와 한방 성분을 함유한 천연 제품을 이용해 모발 회복의 기본이 되는 큐티클의 복원과 피질 내의 주사슬 결합을 통해 모발의 본래 굵기와 탄력을 회복시켜 준다.

고객 마음 읽는 소통 강조 헤어샤믈렛은 한 곳에서 오랫동안 미용실을 경영하다보니 고객들을 가족처럼 챙기고 있다.

또 고객차트를 이용해 방문, 시술 내역을 관리하고 문자 서비스도 하고 있다.

가장 중요한 것은 마음에서 우러나오는 서비스를 하고 고객과의 아이 컨택을 통해 고객의 마음을 읽어야 한다는 게 헤어샤믈렛의 방침이다.

헤어샤믈렛은 현재 위치에 안주하지 않고 치열한 경쟁에서 살아남을 수 있는 방법을 강구하는 등 고객관리에 주력하고 있다.

헤어샤믈렛은 블로그 운영을 통해 헤어샤믈렛을 알지 못하는 잠재 고객들이 찾아올 수 있도록 통로를 마련했다. 블로그에는 미용실 정보와 실제 고객 시술 사진과 함께 시술 내용을 업데이트하고 있다.

또한 시술받은 고객들이 직접 후기를 올리기 때문에 잠재 고객들에게 신뢰를 줘 신규 방문으로 이어지고 있다. 현재 기존 고객과 신규 고객의 끊임없는 방문으로 예약제를 운영하고 있다.

헤어샤믈렛에는 김장순 원장, 박초록 실장, 유실혜 · 정민지 디자이너, 정다운 스태프 등이 근무하고 있다.

디자이너 교육시스템은 숙명여대에서 드라이, 커트 등 16주 교육 과정을 받을 수 있도록 지원하고 있다. 또 현재 대학 강의를 하고 있는 김 원장이 직접 시술 교육 및 서비스 교육을 실시한다.

헤어샤믈렛의 경쟁력

커트 모던하고 시크한 느낌의 보브 커트, 디자인에 중점을 둔 디자인 커트 등을 추천한다.
펌 중화제를 쓰지 않고 천연 제품을 사용한 열 펌, 천연 볼륨 매직, 천연 아이롱 펌, 클리닉 셋팅 펌 등을 제안한다.
컬러 아모스, 로레알 제품을 사용한 컬러 시술을 선보이며 새치 염색은 천연 제품으로 시술한다.
두피 · 모발관리 천연 제품을 사용해 두피 각질, 지루성 피부염을 개선하는 두피 및 모발 클리닉을 진행한다.

김장순 원장 ●

30년 가까이 미용인으로 지내온 김장순 원장은 나 자신을 먼저 사랑해야 고객에게 질 좋은 서비스를 제공할 수 있다고 말한다.

김장순 원장은 "그동안 일을 우선순위로 정하고 일에만

첫사랑 대하듯 고객과 커뮤니케이션 유지
정직 · 믿음 · 신뢰 위에 기술 자존심 지켜

몰두했지만 최근 들어 나를 돌아보고, 나를 사랑하기 시작하니 일이 더욱 재미있고 저절로 고객들에게 좋은 서비스를 하게 된다"고 설명했다.

김 원장은 "나에게 미용은 '첫사랑'이다. 미용은 고객과의 소통을 통해 이뤄지는 것이기 때문에 첫사랑을 하듯 늘 설레는 마음으로 고객을 대하고 있다"고 밝혔다.

또 뛰어난 기술도 중요하지만 고객들에게 정직해야 인정받을 수 있다는 경영 철학으로 믿을 수 있는 천연 제품 및 기술 강화를 위해 투자를 아끼지 않는다.

김 원장은 "최근 현대인들은 음식, 환경, 자외선 등에 의해 두피나 모발에 자극을 받고 있다. 따라서 헤어 시술을 할 때도 손상을 최소화하기 위해 10년 전부터 천연 제품을 사용하고 있다. 또 고객들에게 가격은 다소 비싸지만 좋은 제품으로 질 좋은 서비스를 하는 게 롱런할 수 있는 비결"이라고 강조했다.

그는 "미용실 경영과 10년 이상 계속된 전국 순회 세미나 등을 병행하면서도 고객이 끊이지 않았던 비결은 바로 정직, 믿음, 신뢰를 바탕으로 기술에 대한 자존심을 지킨 것"이라고 자부했다.

이어 "앞으로 10~20년 이상 미용을 계속할 수 있도록 운동으로 하루를 시작하면서 일과를 점검하고, 체력 관리를 하고 있다"고 덧붙였다.

숙명여대 드라이 아이롱 출강, TV 헤어 전속 강사, 대한미용사회 중원구 부지부장 등으로 활동 중인 김 원장은 후배 육성을 위해서도 힘을 쏟고 있다. "내가 가진 미용기술을 후배들에게 나눠주고 싶다. 그래서 미용을 사랑하는 마음과 노하우를 전수해 주기 위해 전국으로 강의를 다닌다. 후배들에게 귀감이 되고 부끄럽지 않은 미용인으로 남고 싶다"

김장순 원장은 피봇 포인트 커트 수료, 일본 정통 스트록 커트 수료, 이화여대 헤어 아티스트 수료, 국가검정미용사 감독위원, 대한미용사회중앙회 기술강사 등을 역임했다.

헤어큐비즘

최고 기술 · 서비스 … 할인 안해도 늘 고객 '북적'

Manpower

원　　　장	한미림
디 자 이 너	박여연, 송재응

Info

- **영업시간**　오전 9시30분~오후 8시30분
- **연 락 처**　031-8230-3919
- **주　　　소**　경기도 성남시 분당구 서현동 255-1 풍림아이원 245호
- **찾아가기**　버스 AK프라자, 서현역 정류장에서 하차

헤어큐비즘은 경기도 분당시의 중심이라 할 수 있는 서현동에 위치해 있다. 헤어큐비즘이 입점한 곳은 2000여개의 사무실이 운집한 아시아 최대 규모의 오피스텔로 프랜차이즈 대형 살롱, 개인이 운영하는 소규모 살롱도 입점해 3개의 헤어살롱이 서비스 경쟁을 펼치고 있다.

하루 유동인구가 5000여 명에 이르는 상권의 특성상 20~30대 젊은 직장인들이 주 고객층을 차지하고 있다.

30년 단골 · 젊은 주고객층 모두 만족 한미림 원장은 오랫동안 경기도 내에서 살롱을 운영해 왔기 때문에 헤어큐비즘은 분당은 물론 용인, 기흥 등 인근 지역의 단골고객이 끊이지 않는다.

이에 대해 한미림 원장은 30년 이상 함께한 단골고객들의 경우 자신의 스타일을 누구보다 잘 이해해 줄 뿐 아니라 편안하고 가족 같은 분위기에서 자신이

▲한미림 원장은 대한미용사회중앙회 기술강사, 미용기능장 감독위원 등 다양한 활동을 하고 있다. 사진은 올해 미용기술위원회 정기총회 및 단합대회에서 작품을 선보이고 있는 한미림 원장.

원하는 헤어스타일을 연출해 주는 친숙함 때문이라고 설명한다.

주 고객 층인 젊은 직장인과 소통하기 위해 고객관리 프로그램인 뷰티 에이트를 활용해 온라인과 모바일로 고객관리 및 신상품 정보를 제공하고 있다.

한 오피스텔 건물에서 3개의 헤어살롱이 서비스 경쟁을 펼치고 있지만 헤어큐비즘은 모닝펌 할인, 제휴카드 할인과 같은 할인을 진행하지 않는 살롱으로 유명하다. 이는 최고의 기술로 최상의 서비스를 제공하고 그에 상응하는 가격을 받아야 한다는 한미림 원장의 확고한 경영철학이 있기 때문이다.

미용대 졸업 경력 디자이너가 전 과정 서비스 헤어큐비즘은 함께 입점해 있는 타 살롱과 달리 미용대학을 졸업한 8~10년 경력의 디자이너가 접객부터 상담, 시술, 샴푸 등 서비스의 처음부터 끝까지 스태프 없이 최고의 서비스를 고객에게 제공한다.

디자이너 교육시스템은 외부교육과 미용장인 한미림 원장이 직접 진행하고 있다. 기술교육으로는 대한미용사회중앙회에서 개최하는 기술교육에 참가한다. 한미림 원장은 기술교육뿐만 아니라 인성, 경영, 서비스 등 살롱 운영 전반에 대해 자신의 노하우를 전수하고 있다. 이와 함께 국내외에서 개최되는 미용대회에 디자이너들이 출전해 새로운 트렌드를 접하고 기술 향상에 나서고 있다.

헤어큐비즘의 경쟁력

커트 젊은 직장인들의 개성을 연출할 수 있는 다양한 스타일의 커트를 제안한다.

펌 고객의 모발 상태에 대한 정확한 분석을 통해 충분한 상담을 진행해 고객의 만족도를 높였다. 25 종류의 천연 재료와 한방 원료를 사용한 천연 펌제 '천연애 아토'를 사용해 펌 시술 이후 모발이 굵어지고 윤기와 탄력이 생기며 컬 유지력을 높였다.

컬러 천연애 아토를 베이스로 한 클리닉 염모제를 사용해 염색 시 발생되는 두피 트러블을 완화시켜 자극 없이 빠른 염색을 할 수 있다.

두피 · 모발관리 탈모의 원인인 스트레스에 시달리는 직장인들을 위해 헤어클리닉시스템을 도입했다. 건국대학교 대학원 생물공학 박사과정을 밟고 있는 한미림 원장이 고객의 모발에 대한 컨설팅을 진행하며 스켈링, 샴푸, 토닉, 수분 및 영양 공급으로 진행된다. 한 가지 제품을 장기간 사용하기보다는 6개월마다 제품을 교체해 헤어클리닉의 효과를 증대한다.

한미림 원장 ●

배움에 대한 끝없는 열정으로 현재 건국대학교 대학원 생물공학과 박사과정을 밟고 있는 한미림 원장의 교육에

기술 · 이론 · 노하우 아낌없이 전수
얼리어댑터 살롱 … 최신 제품 서비스

대한 열정은 남다르다. 삼육대학교 겸임교수, 이화여자대학교 미용경영학과 출강, 대한미용사회중앙회 기술강사, 미용기능장 감독위원 등 미용과 관련된 기술 및 이론 교육이 필요한 자리라면 어디에서든지 자신의 노하우를 전달하고 있다.

한 원장은 "모든 분야에서 장인의 위치에 오르기 위해서는 끊임없이 새로운 것을 배우고 연구하는 자세가 필요하다"며 "특히 미용의 경우 아름다움을 창조하는 작업이기 때문에 한순간도 배움에 대한 열정을 소홀히 해서는 안된다"고 강조했다.

배움에 대한 열정이 넘치는 한 원장은 얼리어댑터이기도 하다. 그 때문에 헤어큐비즘은 국내에 선보이는 신제품과 새로운 미용기기를 가장 먼저 구입해 사용하고 연구하는 얼리어댑터 살롱으로 정평이 나 있다.

한 원장은 "고객들에게 보다 나은 서비스를 제공하기 위해서 펌제나 염모제 등 새로운 신제품이 출시되면 가능한 가장 먼저 사용해보고 제품의 특성을 연구해 고객들에게 시술하고 있다"며 "최고의 기술과 최신의 제품으로 고객에게 서비스하는 것이 헤어큐비즘의 경쟁력이라 자부한다"고 말했다.

만학의 길을 걷고 있는 한 원장은 미용을 공부하는 후배들에게 "나 자신보다는 고객의 입장에서 생각하고 행동해야 한다"며 "기본에 충실하고 끊임없이 자기 개발에 노력해야 진정한 미용장인으로 성장할 수 있다"고 조언했다.

Fm 헤어채널

3대 단골 둔 '명성' … 지역 미용문화에 기여

Manpower

원　　　　장	이학수
부 원 장	전명자
실　　　　장	이유진
매 니 저	선미, 현주, 휘제
스타일리스트	임형만, 이자영, 조유경, 조현미, 윤희, 박기동, 박생근, 유보람
네 일 아 트	하나숙
스킨케어 실장	고현정, 강경화

Info

- **영업시간** 오전 9시30분~오후 9시
- **연 락 처** 031-686-7070
- **포인트&제휴 서비스** Fm 헤어채널 상품권 항시 10% 할인, 국민카드 5% 할인, OK캐시백 포인트 적립
- **주　　　　소** 경기도 평택시 안중읍 현화리 832-3번지 2층
- **홈페이지** http://blog.naver.com/leehsfm

Fm 헤어채널은 경기도 평택시 안중읍에 위치한 760m²(230평) 규모의 초대형 토털 뷰티 살롱으로 블랙을 메인 컬러로 처리한 모던한 인테리어가 고급스러움을 더했다.

안중 신도시 인근에 위치한 Fm 헤어채널은 아파트 밀집 지역으로 아파트와 상가가 분리된 상권으로 다양한 연령층의 고객들이 찾고 있다. 특히 이학수 원장이 안중읍에서만 14년 동안 살롱을 운영하고 있어 할머니, 딸, 손녀 3대가 단골고객인 뷰티살롱으로 명성을 알리고 있다.

760m² 초대형 토털 뷰티 살롱 Fm 헤어채널은 헤어, 헤드스파, 피부관리, 메이크업, 네일케어까지 머리에서 발끝까지 원스톱으로 뷰티에 대한 모든 서비스를 경험할 수 있다.

디자이너 교육시스템은 아모스프로페셔널에서 월 2회 커트, 펌, 컬러의 기술교육을 진행하고 있다. 또한 디자이너와 스태프의 수준에 맞는 단계별 내부 교육을 진행해 기술 향상에 나서고 있다.

특히 '최고가 되자'라는 교육 모토 아래 외부에서 강사를 초빙해 CS 교육을 진행하며, 대한미용사회 경기도지회에서 진행하는 인성교육도 병행해서 진행하고 있다.

Fm 헤어채널은 홍보·마케팅, 대외협력, 교육 부서를 독립적으로 운영하며 살롱 홍보와 마케팅은 물론 독거노인 등 지역주민들을 대상으로 무료 헤어 커트 행사 등 봉사활동을 꾸준히 진행하고 있다.

특히 자체 상품권 발행, 메이크업 문화강좌 개설 등 다양한 마케팅 전략을 활용하고 있으며, '고객의 소리함'을 통해 살롱의 문제점을 개선하고 고객의 의견을 현장에 접목할 수 있는 시스템을 만들었다.

Fm 헤어채널의 경쟁력

커트 새 헤어스타일을 연구, 고객 스타일에 가장 잘 어울리는 헤어스타일을 제안한다. 특히 VIP 고객의 경우 원장이 직접 VIP룸에서 시술을 한다.
펌 두상 및 머릿결 상태를 고려하여 맞춤형 디자인을 선정해 시술한다.
컬러 PPD를 배제한 아모스프로페셔널의 칼라제닉N과 일본에서도 인기 있는 염모제 밀본컬러를 사용해 깊은 색감과 선명한 컬러로 좋은 반응을 얻고 있다. 또한 염색도 트렌드에 따라 고객에게 맞는 컬러를 도입해 헤어스타일과 자연스럽게 어울리는 컬러를 제안한다.
헤어케어 나노테크놀로지 기술을 적용해 10억분의 1의 미세한 분자로 큐티클 속의 부족한 수분, 유분, 단백질을 채워주는 코베라 제품을 사용한다. 코베라 제품은 18가지의 아미노산이 모발을 최대한 복원해 재생시켜주는 시스템을 적용한다.
헤드스파 모유두 깊숙이 침투하여 세포 조직을 강화해 빠진 모발을 굵게 만들어주는 천연 식물성 제품인 히노키시스템을 사용해 시술을 진행한다. 어깨 및 두피마사지, 타올바스, 트리코리고 스켈링, 고주파관리, 음이온마사지, 생체전류기, 갈바닉, 앰플의 순으로 시술을 진행한다.
피부관리 165㎡(50평) 규모의 스킨케어실은 스팀 사우나, 실내 샤워 시설을 이용할 수 있는 VIP룸을 비롯해 커플룸(A, B) 등이 마련돼 Fm 헤어채널만의 특별한 피부관리 서비스를 제공한다. 스위스 직수입 브랜드 르노벨 INC의 제품으로 관리해 고객의 신뢰도를 높였다. 3명의 전문 피부관리사가 100% 예약제로 고객의 기대에 부응하고 있다.
　- 페이스 케어: 일반관리와 특수관리로 나누어지며 고객의 피부 상태에 따라 맞춤형 관리로 시술한다.
　- 바디 케어: 등, 복부, 하체를 관리하며 밴디지 붕대 요법으로 아름다운 바디라인을 만들어준다.
　- 헬스 케어: 아로마를 흡입하는 인스퍼레이션으로 더 건강한 생활과 몸을 지향하도록 시술한다.
메이크업 고객의 모임에 맞는 메이크업 컨설팅을 통해 만족도를 높였다. 무료 메이크업 교육과 문화강좌를 진행하고 있다.
네일아트 OPI, CND, ORLY, CAREN, ZOY 등 500여 다양한 컬러를 보유하고 있다. 기본적인 네일아트는 물론 계절별 손·발 관리도 해 고객들의 만족을 얻어내고 있다.

대도시가 아닌 지방 중소도시인 경기도 평택시 안중읍에 760㎡ 규모의 초대형 토털 뷰티 살롱을 운영하고 있는 이학수 원장은 지역 주민과 함께 새로운 미용문화를 만들어 나가고 있다.

최고의 원스톱 미용서비스 지향 미용대안학교 건립 계획 추진중

이학수 원장은 "안중 지역에서 14년 동안 살롱을 운영하며 지역의 할머니부터 손녀까지 3대가 함께 살롱을 찾아주는 등 고객들의 관심으로 오늘의 Fm 헤어채널이 있을 수 있었다"며 "대도시는 아니지만 지방의 중소도시에서도 머리에서 발끝까지 원스톱으로 최고의 서비스를 받을 수 있는 새로운 미용문화를 만들고 싶다"고 말했다.

미용을 시작한 이후 24년 동안 철저한 자기관리를 하고 있다는 이 원장은 "고객에게 최고의 서비스를 하기 위해서는 나 자신이 최고의 상태를 유지해야 한다"며 "직원들에게도 진정한 프로는 자기관리에서 시작한다고 강조하고 있다"고 설명했다.

이 원장은 "미용은 사람들에게 즐거움을 주면서 자신은 희열을 느낄 수 있는 직업"이라며 "주위를 살펴보면 어려운 환경으로 진로를 고민하는 학생들이 많다. 이들에게 새로운 길을 만들어 주기 위해 미용을 전문적으로 가르치는 대안학교 건립 계획을 진행하고 있다"고 밝혔다.

헤어폴리스 루체무실점

연령별·원인별 '두피 클리닉 프로그램' 인기

Manpower ●
원　　　장　방옥련
두피관리실장　강태경

Info ●
- **영업시간**　오전 9시~오후 9시(매주 화요일 휴무)
- **연 락 처**　033-742-7955
- **주　　소**　강원도 원주시 무실동 1642-1 203호
- **찾아가기**　원주시 무실동주민센터에서 북원로 방향으로
　　　　　　약 200m 직진 후 횡단보도 이용, 롯데리아 건너편

헤어폴리스 루체무실점은 헤어 시술을 기본으로 두피 전문 클리닉에 특화된 미용실이다.

2005년 강원도 원주시 무실동에 문을 연 미용실로 인근에 원주시청이 자리 잡고 있어 20~40대 젊은 층이 주 고객층이며 입소문을 통한 신규 고객의 유입으로 다양한 고객들이 찾는다.

헤어 시술은 물론 두피 건강까지 헤어폴리스 루체무실점은 최고의 고객만족을 위해 최선을 다하고 있다. 프로그램을 이용해 고객관리를 하고 있으며, 포인트 제도를 도입해 일정 금액 이상이 적립되면 현금처럼 사용할 수 있게 해 고객 만족도를 높였다. 또 어린이 고객을 배려해 일반 의자 대신 자동차 모양의 의자를 설치한 아이디어도 돋보인다.

환경 오염, 스트레스, 잘못된 제품 사용, 건강상의 이유로 면역력이 저하돼 문제성 두피를 가진 현대인들

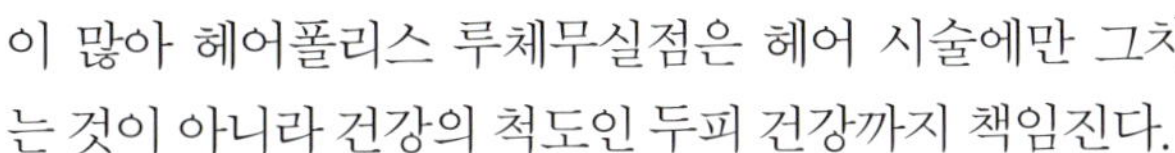

▲방옥련 원장이 이화여대 평생교육원 미용아트 최고지도자 과정 졸업 작품 발표회에서 '세계 속의 한국'을 콘셉트로 선보인 헤어 작품.

이 많아 헤어폴리스 루체무실점은 헤어 시술에만 그치는 것이 아니라 건강의 척도인 두피 건강까지 책임진다.

고객의 두피를 살피고 심리적 요인, 신체 건강 등 긴 시간 동안 복합적인 상담을 통해 두피와 모발의 상태를 파악하고 적합한 클리닉을 진행한다.

방옥련 원장은 "피부의 연장선인 두피는 얼굴과 연결돼 있기 때문에 두피 관리를 하면 얼굴 혈색이 좋아진다. 또 두피와 연결된 목과 어깨의 뭉친 근육을 풀어줘 혈액 순환을 도와 릴랙싱할 수 있고 피로도 풀려 숙면을 취할 수 있어 두피 클리닉 프로그램이 인기가 많다"고 설명했다.

특히 중고등학생들은 성장호르몬으로 의해 많은 피지가 분비되기 때문에 모공이 잘 막혀 피지가 차올라 트러블이 발생해 이 시기부터 두피 관리를 잘해야 성인이 됐을 때 건강한 두피를 유지할 수 있다는 것이다.

허브 성분 제품 사용 … 다양한 코스 갖춰 방 원장은 "산후 탈모는 출산 후 여성호르몬이 정상화되면서 오는 지극히 자연스러운 탈모이지만, 임신 전 두피가 안 좋았거나 임산부 특유의 현상으로 인한 영양 불균형과 잘못된 샴푸 습관 등으로 정상화되지 않고 탈모로 진행될 수 있기 때문에 관리가 필요하다"고 말했다.

두피관리는 수험생 코스, 임산부 코스, 갱년기 코스, 두피 영양 코스 등 허브 성분이 함유된 제품을 사용해 두피 관리 릴랙싱 코스로 진행한다. 강태경 두피전문관리실장을 필두로 스켈링, 두피별 처방, 라인별 처방, 관리 등의 코스로 진행되며 헤드 스파 기기를 이용해 화학 시술 후 남아 있는 중금속까지 제거해준다.

헤어폴리스 루체무실점의 경쟁력

커트 스켈프 커트는 스켈링이 더해진 커트로 육모 촉진, 트리트먼트, 모낭충 사멸, 혈행 촉진을 도와 비듬, 지성, 탈모에 효과적이다.
펌 모발 손상을 최소화한 재생 클리닉 펌, 열 펌, 일반 펌을 제공한다.
컬러 두피에 자극이 덜한 천연 제품을 이용해 원하는 스타일을 다양한 컬러로 시술한다.
두피 · 모발관리 문제성 두피, 수험생, 임산부, 탈모 고객들을 위한 다양한 두피 클리닉 프로그램에 특화됐다.

방옥련 원장 ●

30년 미용 경력을 자랑하는 방옥련 원장은 서울에서 미용실을 운영하면서 미용 관련 공부를 하던 중 우연한 계기로 원주에 내려 온 이후 헤어폴리스 루체무실점을 오픈하고 7년째 운영하고 있다.

방옥련 원장은 "미용은 힘들고 어려운 직업이지만 이 직업을 택하게 된 것을 감사한다. 미용을 하면서 후회해 본 적이 없고 항상 기쁜 마음으로 일을 하고 있다"고 말했다.

또 "언제나 기뻐야 한다는 철칙으로 어려운 상황에 동요되지 않고 마인드 컨트롤을 통해 당면한 문제를 헤쳐 나간다"고 덧붙였다.

힘든 직업이지만 항상 기쁜 마음으로 마음까지 쉴 수 있는 '힐링공간'이 꿈

방 원장의 경영 방침은 최선을 다해 더 많은 것을 배워 기존과는 차별화된 방법으로 보람을 느끼며 일할 수 있도록 노력하는 것이다.

방 원장은 "미용실도 이제는 단순히 커트, 펌 등 헤어 시술만 해서는 경쟁력을 갖추기 힘들다"며 "미용인들이 시술의 기본인 두피 건강에 관심을 갖고 깊이 있게 공부하고 연구해 전문적인 두피 클리닉을 미용실에서 할 수 있도록 대중화시켜야 한다"고 강조했다.

방 원장은 미용실 운영 외에도 대학에서 경영 및 미용 공부를 계속하고 있다. 또 서울과 원주 지역 행사를 통해 봉사활동도 활발히 하고 있다.

그는 "헤어 시술과 함께 고객의 두피, 건강, 심리적인 부분까지 토털로 관리해 주고 싶다. 앞으로는 전문적으로 두피 관리를 받으며 마음까지 힐링하면서 쉴 수 있는 차별화된 공간을 만드는 것이 꿈"이라고 밝혔다.

세실리아 헤어월드 서원대 본점

좋은 제품 · 최고 서비스 · 정직한 가격 '유명'

Manpower

원　　　장　이옥규
실　　　장　이은미
팀　　　장　김은경
매　니　저　최진희
디 자 이 너　김진임, 신성미, 박효진, 진영, 장은아, 김영주

Info

- **영업시간**　오전 9시30분~오후 9시
- **연 락 처**　041-283-0663, 041-284-0663
- **주　　　소**　충북 청주시 흥덕구 서원남로 44번길
- **찾아가기**　서원대학교 후문 앞

세실리아 헤어월드 서원대 본점은 충북 청주시의 서원대와 충북교대가 인접한 대학가에 위치해 20대 젊은 대학생 고객을 비롯해 최신 트렌드와 패션에 민감한 젊은 미시들에게 사랑받는 헤어살롱이다.

세실리아 헤어월드는 본점(서원대학교점)과 충북대학교점, 하복대점, 오페라점 등 4곳의 직영점이 운영되고 있으며, 각 상권의 특성에 맞게 독립적으로 운영되고 있다.

세실리아 헤어월드 서원대점의 외관은 원목을 사용한 고급스러운 인테리어로 장식했으며, 내부는 블랙과 메탈 소재로 심플한 이미지를 연출, 주 고객층인 젊은 대학생의 감성을 충족시키며 고급 헤어살롱의 이미지를 부각시켰다.

세실리아 헤어월드 서원대점은 고품질의 제품으로 최고의 서비스를 제공해 정직한 가격을 받는 헤어살롱으로 유명하다.

샴푸 단계부터 최고 서비스 제공 세실리아 헤어월드 서원대점 이옥규 원장은 "고객들은 헤어살롱을 방문할 때 디자이너의 기술력도 중시하지만 서비스 또한 간과할 수 없는 부문"이라며 "고객들은 시술

전 샴푸실에서 서비스의 질과 가치에 대해 많이 느끼기 때문에 세실리아 헤어월드 서원대점은 샴푸 단계부터 최고의 서비스를 제공하고 있다"고 설명했다.

이 원장은 "특히 젊은 대학생들의 경우 헤어스타일에 만족해도 서비스에 만족하지 못하면 재방문을 하지 않을 만큼 서비스에 민감하다"며 "직원들에게 기술력이 부족하면 최고의 서비스를 고객에게 판매하라고 강조한다"고 말했다.

최고의 기술력과 서비스를 제공하는 세실리아 헤어월드 서원대점은 매주 화요일 외부강사 및 4개 지점의 원장이 디자이너와 스태프의 기술교육을 진행하며 기술력 향상에 나서고 있다. 또한 트렌드에 민감한 젊은 대학생 고객들을 만족시키기 위해 세실리아 헤어월드 서원대점의 디자이너들은 패션 잡지와 인터넷 등을 통한 최신의 트렌드 읽기에도 집중하며 빠르게 최신 트렌드를 접목한 헤어스타일을 제공하고 있다.

특히 소비자의 눈높이에서 진행하는 서비스 교육은 세실리아 헤어월드 서원대점만의 차별화된 경쟁력이다.

이 원장은 "서비스는 일회용 소모품과 같아 100번 잘하다가 단 한번만의 실수를 해도 그간의 노력이 물거품이 된다"며 "서비스 교육은 담당 매니저를 통해 매일 아침 반복적으로 진행해 서비스 마인드를 자연스럽게 몸에 익힐 수 있도록 진행한다"고 강조했다.

최고 디자이너로 구성 … 청주방송 협찬 세실리아 헤어월드 서원대점의 인력 구성은 청주의 헤어살롱 중 최고의 디자이너로 구성됐다. 이 원장은 "헤어디자이너는 기술력이 중요하지만 세실리아 헤어월드 서원대점은 기술력뿐만 아니라 헤어디자이너로서 프로 정신이 강한 인력 구성에 중점을 뒀다"며 "자기 개발에 충실하고 항상 새로운 것에 도전하고 공부하는 헤어디자이너로 인력을 구성해 타 헤어살롱과 차별화했다"고 말했다.

청주방송(CJB)의 아나운서 헤어를 담당하며 6개 프로그램의 헤어 협찬을 통해 청주 지역에서 인지도를 높이고 있는 세실리아 헤어월드 서원대점은 주 고객층인 대학생들을 대상으로 포인트 적립을 통한 마케팅 전략을 구사하고 있다.

이 원장은 "포인트 적립은 전통적인 마케팅 방법이지만 고객의 재방문을 유도하는 효과적인 전략"이라며 "포인트 적립을 통해 가족 단위의 신규 고객 유입도 많이 증가했다"고 말했다.

세실리아 헤어월드 서원대 본점의 경쟁력

커트 투 블럭 커트 등 새로운 트렌드를 고객에 빠르게 선보인다.

펌 머릿결이 상하지 않는 펌제를 사용하는 열펌과 세팅펌이 대학생들에게 폭발적인 인기를 끌고 있다. 특히 펌을 통해 머릿결이 좋아지는 물광펌도 좋은 반응을 얻고 있다.

컬러 컬러리스트 교육을 수료한 디자이너들이 세실리아만의 깊은 컬러감을 선사한다.

이옥규 원장 •

세실리아 헤어월드 서원대점 이옥규 원장은 미용기능장 17기, 대한미용사회중앙회 기술강사 11기, 주성대학교 뷰티과 겸임교수를 역임하는 등 기술력과 미용 이론에 강한 헤어디자이너다.

20여년 헤어살롱을 운영하며 현장에서 쌓은 노하우를 바탕으로 세실리아 헤어월드 4곳의 직영점을 경영하고 있는 이 원장은 "세실리아 헤어월드의 헤어디자이너들은 단순히 헤어스타일을 만드는 헤어디자이너가 아닌 경영자 마인드를 높일 수 있도록 노력하고 있다"며 "기술력이 일

직영점 4곳 경영
현장 노하우 · 이론 탁월
후배 위해 아낌없이 지원

정 수준에 오른 헤어디자이너들은 고객의 성향을 파악하고 상담을 진행하는 능력을 키워주고 있다. 특히 헤어디자이너들이 상위 1%의 고가 고객을 자신의 고객으로 만들 수 있는 노하우 전수에 노력한다"고 강조했다.

미용은 항상 새로운 것을 창조하고 공부해야 하는 직업으로 매력이 있다는 이 원장은 "내 자신이 미용인으로 정년을 55세로 정했지만 65세로 정년을 10년 늘릴 만큼 미용은 매력적인 직업"이라며 "후배들이 미용에 집중할 수 있도록 세실리아 헤어월드는 주부 디자이너를 위해 탄력근무제를 도입하는 등 앞으로 후배들이 보다 좋은 환경에서 일할 수 있도록 노력할 것"이라고 말했다.

특히 "후배들에게 고기를 낚아주는 것이 아니라 낚는 방법을 알려줘 스스로 고객 마케팅을 연구하고 헤어살롱을 운영할 수 있는 경영자로 성장할 수 있도록 아낌없이 지원할 것"이라고 포부를 밝혔다.

오수희미남미녀헤어펌

고객에 깊은 감동 주는 원스톱 토털 뷰티 살롱

Manpower

대　　표	오수희
디 자 이 너	헤어 디자이너 그룹 및 스태프, 피부관리, 메이크업, 네일, 웨딩 담당 등 70여명 근무

Info

- **영업시간** 오전 10시~오후 10시
- **연 락 처** 043-256-2713
- **주　　소** 충북 청주시 상당구 북문로1가 21번지
- **홈페이지** www.oshhair.com
- **찾아가기** 청주시 상당구에 위치한 흥업백화점 후문 앞

오수희미남미녀헤어펌은 '정직한 아름다움'을 추구하는 충북 청주시 제일의 뷰티살롱으로 정평이 나 있다.

오수희미남미녀헤어펌은 거품을 뺀 정직한 가격으로 모든 고객의 아름다움에 대한 욕구를 충족시키고자 노력하고 있다. 최고의 미용기술을 가진 헤어디자이너들이 전하는 아름다움의 가치를 최소의 부담으로 체험하고 향유할 수 있도록 했다.

오수희미남미녀헤어펌은 고객감동서비스를 진리로 삼아 고객이 방문한 순간 왕과 여왕, 공주와 왕자가 될 것이라고 자부한다. 고객감동서비스는 고객을 왕처럼 모신다는 표면적인 의미와 함께 고객이 원하는 아름다움을 충족시켜준다는 데 있다.

특히 똑똑해진 고객들의 욕구를 충족시키고 실현하기 위해 헤어, 메이크업, 네일, 피부관리 등 다양한 뷰티 서비스를 오수희미남미녀헤어펌에서 모두 경험할 수 있도록 원스톱 뷰티살롱으로 차별화했다.

고객별 전담 디자이너제 '호평' 또한 고객별 전담 헤어디자이너제로 고객 관리를 하고 있다. 한번 방문한 고객은 오수희미남미녀헤어펌의 가족이 된다. 집처럼 편안한 공간에서 전담 디자이너에게 자신의 헤어스타일이나 뷰티에 관한 상담을 받을 수 있다.

오수희미남미녀헤어펌의 디자이너 및 직원들은 경영에 동참하는 파트너다. 이사급의 디자이너부터 수습 디자이너까지 헤어를 전담하는 그룹과 각 디자이너들로부터 미용기술은 물론 고객서비스 등을 배우는 스태프들로 구성된 70여명의 직원들이 근무한다.

고객감동이 오수희미남미녀헤어펌의 경영목표인 만큼 전 직원이 목표 달성에 필요한 마음가짐을 가지고 스스로 실천할 수 있도록 동기부여에 중점을 둔 기본교육을 진행한다. 우선 정기적인 친절서비스교육과 위생교육에 전 직원이 참여한다. 주간교육, 월간교육을 통해 고객감동 사례를 나누고 함께 토론하고 고민한다.

디자이너들은 고객을 만족시킬 수 있는 기술 함양을 위해 대한미용사회가 제공하는 미용기술세미나에 참여하고 미용실에서 실시하는 특별 교육프로그램을 통해 최신 트렌드와 제품에 대한 정보를 빠르게 습득한다.

또한 스태프들은 담당 디자이너를 통해 미용인으로서의 기술과 자세를 전문적으로 배운다. 직접 고객을 대하는 현장에서의 교육인 만큼 엄격하고 철저하게 진행된다.

체계적 교육시스템 운영 이러한 체계적인 교육시스템을 통해 오수희미남미녀헤어펌의 직원들은 모두 업

계 최고 수준의 실력을 자랑하며, 꿈을 실현시키고 이룰 수 있도록 아낌없이 지원하고 있다.

원스톱 뷰티살롱을 지향하는 오수희미남미녀헤어펌은 헤어, 피부, 네일, 메이크업, 웨딩 등 토털 뷰티 서비스를 고객맞춤으로 제공한다. 고객들마다 개인의 헤어, 피부, 네일, 메이크업의 상태와 니즈가 모두 다르기 때문에 필요한 시술을 통해 최고의 아름다움을 선사한다.

또한 웨딩에 필요한 드레스, 메이크업, 스킨케어, 헤어케어, 헤어스타일링 등을 완벽하게 준비할 수 있어 고객들의 만족도가 높다.

오수희미남미녀헤어펌은 각 분야 최고의 전문가들이 고객맞춤형 시술을 하고 있으며 최상의 아름다움을 유지할 수 있도록 지속적인 관리에 최선을 다하고 있다.

오수희 대표 ●

지난 30여 년간 '명품 오수희'를 내걸고 오수희미남미녀헤어펌과 한마음웨딩타운 등 미용웨딩사업을 이끌어온 오수희 대표는 미용업계의 위상을 높이고 미용교육을 위해 끊임없이 노력하고 있다.

청주시의원 … 미용 인식 제고 노력 경주 대학·고교 미용과 개설 위해 활발히 활동

가정을 안정적으로 꾸리고 사회활동을 하기 위해 20대 중반 미용사업에 뛰어든 오 대표는 국내는 물론 일본에서 미용기술을 배워오는 등 미용계에서 최고를 꿈꾸며 처음부터 최고경영자가 되겠다는 목표와 확신을 가졌다고 한다.

오 대표는 대한미용사회중앙회 기술강사 자격증을 취득한 이후 대한미용사회중앙회 이사, 부회장 등에 선임됐고 현재 대한미용사회 충청북도지회장을 맡고 있다.

오 대표는 "미용을 하면서 가장 가슴 아팠던 일은 예전에 비해 미용에 대한 인식이 높아졌다고 하지만 아직까지 인식 수준이 낮아 인정을 받지 못하는 게 현실"이라며 "미용업계와 미용인들의 인식 제고를 위해 작은 일부터 하나하나 실천해 바꿔나가고 있다"고 말했다.

이를 위해 오 대표는 미용기술 훈련과 위생교육을 철저히 실시하고 있다. 미용인들에게 거창하고 어려운 말로 설명하기보다 쉬운 말로 가르쳐 실천하도록 하고 있다. 고객 접객 서비스부터 살롱의 청결 등 모든 시스템을 고객감동서비스에 맞춰 개선해 고객들의 신뢰를 얻었다.

그는 "고객이 헤어숍의 문을 열고 들어왔을 때 친절하게 맞아주는 것이 가장 중요하다. 또한 내부도 항상 청결하게 관리한다"며 "오수희미남미녀헤어펌을 방문한 고객들의 애경사를 꼼꼼히 챙기며 고객관리를 한다"고 설명했다.

특히 오수희 대표는 후배들이 고등학교 때부터 미용을 배우고 대학교에 진학해 더욱 전문적이고 체계적인 미용교육을 받을 수 있도록 충북 청주시의 고등학교, 대학교에 미용과 개설을 위해 힘쓰고 있다. 이러한 오 대표의 노력으로 현재 청주시 일부 실업계 고등학교에 미용과가 개설돼 있으며 추가로 고등학교와 대학교에 미용과가 설립될 예정이다.

청주시의회 의원, 충북여성단체협의회장이기도 한 그는 여성의 능력이 곧 사회의 성장을 가져온다는 믿음을 주고 싶다고 주장한다.

또 "여성이 대다수인 미용인들은 업계 위상을 높이기 위해 서로의 벽을 허물고 화합으로 상생을 모색해야 한다. 미용업계 발전에 공헌하고자 하는 봉사정신과 사명감, 열정을 갖고 일해야 한다"고 강조했다.

그는 그동안의 경험과 성과를 바탕으로 앞으로 미용인이 모든 분야를 리드할 수 있도록 더욱 노력하고 복지사업을 담당하는 시의원으로서 가진 것을 나누는 삶을 살고 싶다고 밝혔다.

동은헤어프라자

'최고 살롱, 최상의 서비스' … 자부심 가져

Manpower

원 장 유금자
디 자 이 너 이미라, 김혜정

Info

- **영업시간** 오전 9시~오후 9시 (주말은 예약제)
- **연 락 처** 041-581-2137
- **주   소** 충남 천안시 서북구 성환읍 성환리 449-480호
- **찾아가기** 성환읍내 성환우체국 맞은편

동은헤어프라자가 위치한 충남 천안시 성환읍은 지방이라는 지역적 상권 특성으로 4~5대에 걸쳐 찾아오는 고객층과 인근의 천안연암대학 및 남서울대학교의 젊은 고객층이 모이는 곳이다. 더불어 과거 예식장이 밀집해 있던 지역으로 예식장이 천안으로 모두 이전한 후에도 여전히 주말이면 예식을 앞둔 혼주들이 주고객층을 이루고 있다.

이렇게 다양한 연령대의 고객의 욕구를 충족시키기 위해 동은헤어프라자의 유금자 원장은 무엇보다도 '공부'를 해야 한다고 강조한다. 유 원장은 과거 휴일마다 전국의 잘 된다는 미용실은 직접 가서 둘러보며 공부했고 지금은 국내외 최신 트렌드를 읽는 것에 집중하고 있다.

스스로 공부·연구하고 기술 전파 '공부하지 않으면 손님에게 부끄럽다'고 말하는 유 원장은 스스로 연구를 해 유행을 선도, 다양한 남성 커트와 예식용 업스타일, 성형 메이크업 등을 제공하는 프리미엄급 살롱으로 유명세를 떨치고 있다.

유 원장은 스스로 공부하는 것을 넘어 지역 미용인들의 멘토로서 트렌드에 앞선 미용기술을 전파하는 데 노력을 기울이고 있다. 새로운 기술에 목말라 있으나 기회를 찾기 어려운 미용인들을 비롯해 동은헤어프라자의 디자이너들을 함께 10명 내외의 소규모 그룹으로 구성해 신기술 세미나를 진행하는 것이다.

공부를 강조하며 직원들을 가르칠 때는 엄격한 유 원장이지만 직원들의 근무환경에는 어머니같은 세심함을 보여준다. 동은헤어프라자 매장의 내부에는 곳곳에 식물들이 자리하고 있다. 다양한 약품을 사용하는 디자이너들에게 쾌적한 공기를 제공하기 위한

특화 서비스

남성 미용 인근 대학과 군부대 등에서 젊은 남성층 고객이 많이 찾는다. 최근에는 남성 고객들도 스타일에 민감해져 최신 커트 트렌드 연구를 비롯해 펌과 염색 등 고객이 만족하는 남성 미용 서비스를 제공하고 있다.
업스타일&성형메이크업 주말이면 예식을 앞둔 신부와 혼주들이 주를 이룬다. 이에 따라 웨딩 부문에 다양한 업스타일과 성형 메이크업 등 특화된 시술로 부가가치를 창출하고 있다. 더불어 3층에는 드레스숍을 함께 갖추고 있다.

유 원장의 배려이다. 또한 디자이너들이 시술에만 집중할 수 있도록 숍의 살림을 돌봐주는 직원을 따로 두고 있다.
직원이 주인, 최상의 대우 유금자 원장은 "디자이너들에게는 최고의 시설은 물론 먹는 것도 좋은 것을 주고 가족처럼 대한다"며 "직원들이 스스로 주인이라고 생각하고 최선을 다할 수 있는 직장을 만들기 위해 노력한다"고 말했다. 그 결과 현재 근무하고 있는 디자이너들은 유 원장과 각각 20년, 12년을 함께했다.

또한 미용인에 대한 고객들의 배려가 전혀 없었던 힘들었던 과거를 떠올리며 미용인으로서 자부심을 가지라고 가르친다.

더불어 유 원장은 남들에게 아름다움을 선물하는 일인 만큼 숍에 있을 때 가장 좋은 옷을 입고 예쁜 모습으로 '동은헤어프라자는 최고이고 좋은 서비스를 제공한다'는 이미지를 주기 위해 노력했다. 그 결과 현재는 프리미엄 살롱으로 평택이나 천안보다 비싼 시술 가격에도 고객들이 믿고 만족하는 살롱으로 자리 잡았다.

유금자 원장은 대한미용사회중앙회 부회장과 기술강사 및 충남도지회장을 맡아 미용인의 발전에 노력하고 있다.

유 원장은 "처음 숍을 시작할 때 주변에 미용실이 3개에 불과했

고객 덕분에 한때 어려움 극복 · 재기 미용사회 활동 … 사회공헌 계속할 것

지만 지금은 많이 늘어났다"며 "40년 동안 한 곳에서 살롱을 운영할 수 있었던 것은 성실함과 신뢰가 밑받침되었기 때문"이라고 말한다. 5만원으로 시작한 동은헤어프라자는 유 원장의 뛰어난 실력과 성실함으로 승승장구하며 3층 건물 전체를 미용실로 경영할 정도로 성황했다. 20년 전에는 예기치 못한 화마로 모든 것을 잃기도 했지만, 유 원장을 믿어준 고객들 덕분에 다시 재기할 수 있었다.

유 원장은 "미용은 기술직이라 손을 놓을 수 없고 앞으로도 건강이 허락하는 한 후배들을 가르치고 미용기술이 필요한 이들에게 재능을 나누며 미용을 통한 사회 공헌을 펼치는 것이 목표"라고 말했다.

이어 "요즘 젊은 사람들은 어려움을 피하고 현장 경험 없이 남을 가르치는 교수가 되겠다고 쉽게 말하곤 한다"며 "미용인으로서 자부심을 갖기 위해서는 언제나 겸손한 자세를 잃지 말아야 한다"고 강조했다.

미다헤어리더

Manpower

원　　장	김인수
디 자 이 너	이혜영, 이혜현

Info

- **영업시간** 오전 10시~오후 7시
- **연 락 처** 041-632-5744, 041-634-6688
- **주　　소** 충남 홍성군 홍성읍 오관리 384-4 2층
- **찾아가기** 홍성읍 우리은행 홍성지점 뒷골목(명동골목) 내

충남 홍성군 홍성읍에 위치한 미다헤어리더는 아름다움을 창조하는 50년 전통의 헤어살롱이다.

현재 홍성군 전체에 170여 미용실이, 홍성읍만 해도 100여 개소가 넘게 운영되는 가운데 미다헤어리더는 홍성의 명동골목으로 불리며 젊은 층이 많이 찾는 패션거리인 홍성군 최고의 상권에 위치했다.

패션과 젊음의 거리에 위치해 있지만 미다헤어리더는 20대 젊은 고객보다는 오랜 시간 함께해 온 단골고객과 타 살롱에서 헤어스타일에 만족을 느끼지 못하는 까다로운 여성 고객들, 유행에 민감한 30대의 미시주부들이 주고객층을 이루고 있다. 특히 인접 지역인 서산, 당진, 대천 등에서도 고객들이 찾을 만큼 미다헤어리더의 기술력은 유명세를 타고 있다.

4회 연속 홍성군 지정 '우수업소' 넓은 미용실 내는 각종 전국대회 수상 메달을 비롯하여 지역사회 봉사활동과 공중위생 향상에 기여한 공으로 보건복지부장관, 행정자치부장관, 도지사, 군수 등으로부터 받은 감사패, 표창패 등으로 빈틈이 없다.

특히 홍성군에서 공중위생업소를 대상으로 위생, 서비스, 시설 등 30개 항목에 대해 까다로운 평가를 진행해 2년마다 지정하는 '홍성지역 우수업소'에 4회 연속 지정돼 홍성을 대표하는 헤어살롱으로 자리잡았다.

미다헤어리더는 김인수 원장을 비롯해 4명의 자녀가 모두 디자이너로 활동했던 미용가족이 운영하는 헤어살롱으로 유명하다. 현재는 둘째 딸 이혜영 디자이너와 막내딸 이혜현 디자이너가 함께 미다헤어리더를 이끌고 있다.

이혜영 디자이너는 대학교에서 관광학을 전공했지만 미용인으로서 자부심과 긍지를 느끼는 어머니를 보며 미용의 길로 들어와 1998년 전국기능경기대회 금메달 수상을 시작으로 국가대표로 세계대회 8회 출전, 현재 대한미용사회중앙회 9기 기술강사이며 국가대표 트레이너로 활동할 만큼 최고의 기술력을 자랑한다.

둘째 딸 이혜영 · 막내딸 이혜현 디자이너 함께 봉직하고 있는 미용 가족 이혜영 디자이너는 "미다헤어리더는 빵집으로 비유하자면 대기업에서 운영하는 프랜차이즈가 아닌 전통과 기술력으로 승부하는 역사가 있는 개인이 운영하는 빵집"이라며 "고객들에게 미다헤어리더는 공부하는 살롱으로, 고급스러운 이미지의 살롱으로 자리매김했다"고 강조했다.

국가대표 트레이너일 만큼 기술력에서는 타의 추종을 불허하지만 미다헤어리더의 이혜영, 이혜현 디자이너는 아모스, 토니앤가이, 웰라 등에서 진행하는 트렌드 세미나 등에 참가하며 새로운 기술과 트렌드 연마에 노력하고 있다.

기본에 충실하며 고객과 디자이너가 동시에 만족할 수 있는 서비스로 고객감동을 선사하는 미다헤어리더의 또 다른 경쟁력은 웨딩메이크업이다. 독일과 프랑스, 영국 비달사순 등에서 헤어는 물론 메이크업을 공부한 김인수 원장이 차별화된 혼주 메이크업을 선보이고 있다.

1998년 11월 대한미용사회 홍성군지부에서 선정한 '장한 어머니'로 선발되기도 했던 김 원장은 군에서 실

▲홍성군 미용계의 산증인, 왕언니로 통하는 김인수 원장은 각종 전국대회 입상, 봉사 활동, 공중위생 향상 기여 등으로 많은 상을 받았다.

시하는 군민합동결혼식과 홍성의료원 정신병동과 치매병동을 찾아 무료 봉사도 하고 성당 독거노인 미용, 소년소녀가장세대와 교도소 재소자 미용 등의 봉사활동에 많은 시간을 할애하고 있다.

1976년 대한이미용사협회가 이, 미용협회로 분리될 당시 대한미용사회 초대 홍성군지부장을 맡아 3년간 역임하면서 미용업의 권익 기반을 확고하게 다져 오기도 했다.

미용봉사활동 중 교통사고를 당하면서도 '미용과 봉사'라는 의지를 접지 않고 미용업 발전에 헌신해온 김 원장은 현재도 대한미용사회중앙회 이사로서 홍성을 알리면서 미용사 지위 향상에 노력하고 있다.

미다헤어리더의 경쟁력

커트 커트 이후 시간이 지날수록 자연스러워지는 커트 기술로 사랑받고 있다. 집에서도 헤어살롱에서 연출한 듯한 스타일 연출이 가능하도록 커트 서비스를 제공한다.

펌 펌제와 열에 의한 모발 손상을 최소화하는 테크닉으로 인기가 높다. 믹싱 열펌(디지털+뿌리볼륨, 볼륨매직+뿌리볼륨, 매직+디지털펌)을 추천한다.

두피 · 모발관리 스트레스로 생기는 가려움, 비듬 등을 모근 강화와 두피 클리닉을 통해 개선하는 두피 테라피 프로그램을 제공한다.

김인수 원장 ●

홍성 지역의 미용인들 사이에서 미다헤어리더의 김인수 원장은 산증인, 왕언니, 해결사 등 다양한 애칭으로 통

대한미용사회 초대 홍성지부장 역임
다시 태어나도 미용의 길 선택할 것

한다.

대한미용사회 홍성군지부 초대 지부장으로 활발하게 활동하는 등 지역의 미용 발전과 화합을 위해 누구보다 깊은 애정을 갖고 열심히 일해 왔기 때문이다.

미다헤어리더 김인수 원장은 미용에 대하여 강한 애착을 갖고 있다.

"다시 태어나도 미용의 길을 선택할 것"이라는 김원장의 말에 미용에 대한 깊은 사랑이 나타난다.

"지금도 마찬가지이지만 앞으로는 전문인만이 성공할 수 있는 시대가 될 것"이라며 "내가 애정을 가지고 노력한 만큼 대가를 얻을 수 있는 것이 미용"이라고 강조하는 김 원장은 "후배들에게는 자상한 선배로, 미용의 아름다움을 간직하고자 하는 고객들에게는 만족을 주는 확실한 헤어디자이너로 건강이 허락할 때까지 끊임없이 정성을 다하고 노력해 나갈 것"이라고 미용인으로서의 활동에 대하여 강한 의지를 피력했다.

김 원장은 "중학교를 졸업한 17세 때부터 미용을 시작하여 반백년을 이어오면서 돈은 못 벌었지만 딸 이혜영이 우리나라에 3명밖에 없는 국가대표 트레이너로 성장했고, 수없이 많은 제자 모두가 사회의 일원으로 열심히 살고 있음에 늘 감사한다"고 말했다.

박준뷰티랩 당진점

꼼꼼한 상담 · 진단 · 케어 · 샴푸 ··· 고객 만족도 높아

Manpower

원　　장	정미경
부 원 장	카밀라
스타일리스트	앰버, 멜리사, 리오, 아인, 켈리, 에스더

Info

- **영업시간** 평일 오전 9시30분~오후 11시, 주말 오전 9시30분~오후 9시(연중 무휴)
- **연 락 처** 041-354-4777
- **제휴카드** 당진 지역 모임 고객 대상 펌 · 컬러 30% 할인, 현대제철 직원 고객 커트 10% 및 펌 · 컬러 30% 할인, 각종 신용카드 결제 시 할인, 쇼 올레 멤버십 20% 할인
- **주　　소** 충남 당진시 읍내동 224-4 진원스타타워 2층
- **홈페이지** http://cafe.naver.com/parkjunsdd
- **찾아가기** 당진 구 터미널 롯데리아 건물 옆 진원스타타워 2층

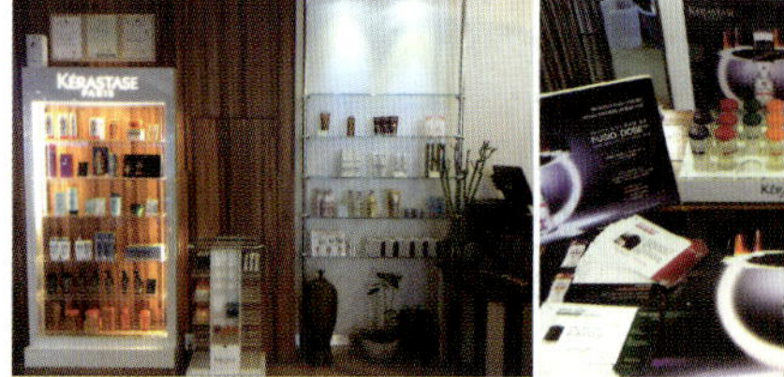

박준뷰티랩 당진점은 최상의 고객서비스를 제공해 충남 당진 지역에서 최고의 미용실로 손꼽히고 있다.

박준뷰티랩 당진점은 무엇보다 고객 접객에 많은 신경을 쓰고 있다. 고객 방문 시 모두 한 톤 높은 목소리로 통일된 선창과 후창의 단체 인사로 맞이한다.

전체적인 우드 인테리어로 아늑한 당진점은 고객의 동선을 고려한 시술 공간을 구성해 고객들이 편안하게 서비스를 받을 수 있도록 했다.

컴플레인 '0' 헤어스타일은 고객의 마음에 들지 않으면 재 시술이 가능하지만 서비스가 불편하면 안 된다는 신념으로 고객서비스를 하고 있으며 현재까지 서비스로 인한 컴플레인(complain)이 한 차례도 없었다는 게 가장 큰 자랑이다.

고객서비스로 가장 중점을 두는 것은 음료와 간식이다. 음료는 리필 서비스를 하고 함께 곁들일 토스트, 샌드위치, 계절 음식 등을 준비한다.

이외에도 샴푸를 할 때 무릎 담요와 어깨 쿠션을 제공해 고객을 배려하는 서비스 마인드를 갖추고 있다.

샴푸는 10분 이상으로 각별히 신경 쓴다. 샴푸를 하면서 고객의 모발과 두피 상태를 진단하고 이에 맞는 시술을 할 수 있기 때문이다. 또 기계를 이용한 샴푸와 지압 서비스가 들어가며 남성 고객은 필링과 스킨 케어 서비스도 실시해 만족도가 높다.

박준뷰티랩 당진점은 시술 전 아이패드로 헤어스타일을 선택하고 메뉴판을 활용해 가격 상담을 진행한다. 개인 맞춤 진단 케라스타즈 클리닉 상담 또한 아이패드를 이용해 개인에게 맞는 전문적인 모발 및

박준뷰티랩 당진점의 경쟁력

커트 다양한 커트 과정을 수료한 스타일리스트가 고객 개인에게 맞는 여성커트, 남성커트, 쥬니어커트, 스켈프커트, 단백질커트, 볼륨커트, 스페셜커트 등을 시술한다.

펌 C커브펌, 굿모닝펌, 볼륨매직, 베이직매직, 베이직셋팅, 텍스춰펌, 네츄럴펌, 진동펌, 플로펌, 안티에이징펌 등이 있다. 또 천연 곡물 성분이 함유된 와칸 펌 시술과 모발 케어가 동시에 이뤄지는 와칸 펌 케어 프로그램이 마련돼 있다.

컬러 와칸, 베이직컬러, 리체스컬러, 오징어먹물, 알러지 백모케어 등이 있으며 와칸 염색 프로그램 시술 시 고객의 모발과 두피에 맞게 곡물을 선택하고 처방해 최상의 컬러와 저자극 염색을 제공한다.

두피·모발관리 케라스타즈 두피진단시스템을 통해 지성, 각질, 스켈링 케어를 통해 모발과 두피에 영양 및 보습을 공급해준다. 손상된 모발과 두피를 레벨 업하는 와칸 케어 레벨 업 프로그램과 모발의 겉과 속을 치유하는 와칸클리닉 등이 있다.

두피케어를 제공하고 있다.

성실한 고객관리 고객관리는 VIP고객에게 와칸, 두피 케어 무료 시술권을 제공하고, 일반 고객은 월별 행사와 이벤트 등을 통해 소정의 선물을 준비해 증정한다.

스타일리스트들은 본사에서 진행하는 매달 정기 교육과 6개월마다 자체 승급 시험을 치르고 있다. 또 외부 강사를 초빙해 커트 교육을 실시하고, 특히 인성 교육과 고객서비스 교육에 중점을 두고 있다.

특화된 곡물 컬러인 와칸은 모발 상태에 맞춰 30여 가지의 약재를 선택해 처방하고 물과 파우더만 사용하는 천연 염모제로서 모발 손상과 두피 자극을 최소화했다.

정미경 원장

박준뷰티랩 당진점의 정미경 원장은 '사람이 재산이다' 라는 경영 철학을 바탕으로 최상의 서비스를 제공하고 있다.

정 원장은 "당진점은 내 얼굴이며, 나를 믿고 따라주는 직원들이

'사람이 재산' … 서로 아껴주며 일한다
최고의 고객 서비스에 중점 두고 운영

있기 때문에 목숨처럼 운영하고 있다"고 밝혔다.

이어 "사람이 재산이기 때문에 가족처럼 생각하며 직원들을 아낀다. 나와 직원들에게 당진점은 집보다 오래 머무는 공간이다. 내가 직원들을 아끼듯이 직원들 서로 아끼며 일하는 것이 숍이 잘 되는 비결"이라고 말했다.

정 원장은 "가장 중점을 두는 것은 바로 고객 서비스다. 고객이 서비스에 불만족을 느끼게 해서는 안 된다. 고객을 맞을 때 단체인사를 하고 트레이를 이용한 음료와 간식 서비스를 제공하고 있다"고 강조했다.

그는 "고객에게 최상의 서비스를 제공하는 당진점이 되도록 노력하고, 직원들이 장기 근속하면서 각자의 숍을 오픈할 수 있도록 도울 것"이라고 목표를 밝혔다.

정미경 원장은 중국 상해 토니앤가이 커트 수료, 프랑스 파리 프랑크 프로보 F-W 수료, 일본 중부 콘테스트 와인딩 부문, 위그 자유부문 심사위원 등을 역임했다.

박준뷰티랩 천안 신세계점

우아한 분위기 · 뛰어난 기술 '고급 살롱'

Manpower

원 장	장우순
점 장	조선애
부 원 장	탁, 환웅
부 점 장	송희연
수석디자이너	한미라, 수정, 윤영, 초이
디 자 이 너	루시, 고윤실, 가람, 이혜민

Info

- **영업시간** 오전 10시~오후 9시30분
- **연 락 처** 041-567-6006
- **제휴카드** BC, 롯데, 신한, 올레, 갤러리아, 삼성화재 더에스카드
  20% 할인, 서울다둥이카드 자녀 2명 20%, 3명 30% 할인
  신세계, 갤러리아 상품권 사용 가능
- **주 소** 충남 천안시 신부동 354-1 신세계백화점 시네마동 M3층
- **홈페이지** cafe.naver.com/parkjunlove
- **찾아가기** 신세계백화점 충청점 시네마동 M3층

신세계백화점 충청점에 위치한 박준뷰티랩 천안 신세계점은 고급스러움을 내세운 깔끔한 인테리어 스타일에 클래식 음악으로 우아한 분위기를 더했다. 특히 살롱 스타일의 헤어숍이 드문 천안에서 고급살롱을 지향, 10~20대보다는 차분한 분위기를 좋아하는 30~40대 이상의 소비력 있는 고객이 주를 이루고 있다.

전문 헤어 토털 서비스 제공 · 3040 이상 세대에 인기 박준뷰티랩 천안 신세계점에는 20개의 경대와 함께 컬러 바, 헤드스파룸, VIP룸이 별도로 구성돼 전문적인 헤어 토털 서비스를 제공하고 있으며, 매장 곳곳에 휴게 공간을 꾸며 편안함까지 갖췄다.

더불어 고객에게 편안함을 제공하기 위해 다양한 다과 서비스를 제공하고 있다. 두피케어 고객에게는 모발 건강에 좋은 견과류와 한방차를 제공하고, 여름을 맞아 음료 테이크아웃 서비스도 실시하고 있다.

다양한 온 · 오프라인 프로모션 진행 박준뷰티랩 천안 신세계점은 다양한 프로모션을 진행하고 있다. 백화점 내에 위치한 점을 고려, 백화점 쿠폰북을 통해 신세계백화점 고객의 방문을 유도하고 있으며, 백화점 직원이 휴점일에 방문할 경우 40%의 할인 혜택을 제공하고 있다.

또 디자이너 개인이 블로그를 운영해 기존 고객을 관리하는 것은 물론 카페를 통한 홍보를 하고 있다.

박준뷰티랩 대전 둔산점과 함께 '박준사랑'이라는 카페를 통해 헤어모델 체험 이벤트를 진행하고 있다.

조선애 점장은 "디자이너들의 뛰어난 실력을 경험한 고객들은 재방문으로 이어지는 경우가 많아 헤어모델 체험을 통해 신규 고객을 창출하고 있다"며 "시술 사진도 전문 사진가가 촬영, 이를 보고 숍을 찾는 고객들도 있어 홍보 효과가 높은 편"이라고 설명했다.

이어 "카페를 통해 매장을 방문하는 고객에게는 할인 혜택을 제공하며, 시술 사진을 보고 찾아오기 때문에 클레임은 적고 만족도가 높다"고 말했다.

▲조선애 점장과 환웅, 탁 부원장

또한 VIP에 해당하는 프라이빗 회원을 대상으로 월 1회 무료 시술이나 제품 제공 등의 혜택을 부여하고 있으며, 향후 VVIP는 별도로 관리할 계획이다.

이외에도 계절에 맞춰 여름에는 컬러, 가을에는 두피 관리, 겨울에는 펌 등 월 단위로 특정 프로그램 할인 프로모션을 진행하고 있다.

박준뷰티랩 천안 신세계점은 체계적인 교육 프로그램을 실시하고 있다. 기술이 갖춰져야 고객 응대에도 자신감을 가질 수 있기에 매주 교육을 진행한다. 교육 프로그램은 주차별로 커트 기술교육, 두피·스타일링·펌 제품 교육, 서비스 교육, 트렌드 기술 교육으로 정해놓고 외부 강사를 초빙하거나 스터디 교육으로 실시한다. 더불어 스태프는 본사 교육을 이수하는 것은 물론 디자이너별 특기 교육을 월 4회 진행하고 인성 교육을 병행한다.

장우순 대표, '하나가 되라' 강조 박준뷰티랩 천안 신세계점과 대전 둔산점을 운영하고 있는 박준뷰티랩 중부지사 장우순 대표는 '하나가 되라'고 강조하고 있다. 이에 따라 두 개 매장의 직원들은 연 2회 워크숍을 통해 소속감을 높이고 이해와 배려의 시간을 갖고 있다.

더불어 매월 경영회의도 함께 개최한다. 경영회의에서는 지난달에 세운 매출, 서비스 등 목표의 이행과 반성 등 평가를 진행하고 또 다시 새로운 목표를 제시한다.

조선애 점장은 "20여명의 디자이너가 좋은 방향으로 나아가기 위한 아이디어를 하나씩만 내놓아도 20개에 달한다"며 "여럿이 함께 하기에 경쟁심도 생기고, 목표가 있어야 발전할 수 있으며 우수자에게는 다양한 혜택을 제공해 동기부여도 된다"고 말했다.

박준뷰티랩 천안 신세계점의 경쟁력

커트 고객관리카드를 이용해 두피 진단부터 시작해 디자이너의 스타일링 제안과 상담을 통해 맞춤 시술이 이뤄진다.

샴푸 남성 고객에게는 샴푸실로 이동하지 않는 좌식 샴푸 서비스와 지압 서비스를 제공한다. 여성 고객의 경우 수분을 공급하고 pH를 맞춰주는 이온토프레시스를 통해 모발을 정화해준다.

컬러 허브에서 채취한 염료를 이용해 만든 일본의 와칸 제품을 사용하는 등 모발 손상이 적도록 천연 원료를 사용한 제품으로 시술하고 있다.

두피·모발관리 모발관리는 무코타 제품을 사용하며, 두피는 대두 원료를 이용해 발효공법으로 만든 천연 제품 에코를 사용해 헤드스파를 실시하고 있다.

수 헤어클럽

모발 손상 최소화한 '건강한 아름다움' 선사

Manpower

원　　장　이병순
디 자 이 너　백수빈, 안미령, 홍수경

Info

- **영업시간**　오전 9시~오후 9시(일요일은 예약제)
- **연 락 처**　041-735-5064
- **주　　소**　충남 논산시 반월동 48-19
- **찾아가기**　논산 시내버스 '제일감리교회앞' 정류장에서 80m

'**진**보하는 기술, 행복한 고객, 가족 같은 분위기' 를 사훈으로 가진 논산의 수 헤어클럽은 무엇보다도 '값어치' 있는 시술을 위해 노력하고 있다. 합리적인 가격의 살롱이지만, 고객에게 돈의 값어치를 찾아줄 수 있는 서비스를 제공하겠다는 것이다.

이를 위해 이병순 원장은 모발 손상 없이 '건강한 아름다움을 선사하는 것'을 지향한다. 모발이 건강해야 스타일링도 제대로 나올 수 있기에 무조건적인 펌이나 염색보다는 모발이 많이 상한 고객에게는 클리닉 시술 등을 유도한다.

이 원장은 "고객이 가격 등의 부담으로 클리닉 시술을 원하지 않아도 모발을 상하게 시술을 할 수는 없다"며 "고객의 모발 상태를 고려해 머리가 상하지 않도록 영양제를 사용하고 최대한 모발에 손상이 가지 않게 신중하게 시술하고 있다"고 말한다.

모발 손상 없이 시술하기 위해 수 헤어클럽은 새롭게 출시되는 제품은 모두 사용해보고 있다. 제품을 사용해 봐야 특장점을 정확히 알 수 있고 좋은 제품을 찾을 수 있다는 것이다.

행복한 직원이 고객 행복 창조 현재 수 헤어클럽에 근무하는 디자이너들은 2~5년 정도 근속하고 있다.

지방인 탓에 디자이너를 구하기도 쉽지 않다는 이 원장은 직원들을 위해 기숙사를 제공하고 있으며, 연차별로 교육비를 차등 지급하고 있다.

교육은 외부 교육 파견, 기술 교육, 인성 교육 등으로 진행되는데 인성 교육은 지역 상권 내 살롱과 연합해 유명 강사를 초빙해 진행, 교육의 만족도를 높였다.

또한 살롱 교육에 있어서 가장 중요한 기술 교육은 이 원장이 직접 진행하기도 하지만, 수 헤어클럽에서 디자이너로 근무했으며 지금은 연구와 디자이너 교육에 집중하고 있는 임옥진 기능장이 맡고 있다. 임옥진 기능장은 39회 세계기능올림픽에서 우리나라

최초로 이미용부문 금메달을 획득한 것을 비롯해 수많은 수상 경력과 대통령 훈장을 받으며 그 실력을 인정받은 미용인이다.

수 헤어클럽은 논산 시내에서 처음으로 주 5일제 근무를 시행했다. 일요일은 휴무로 토요일에는 전 직원이 근무하며, 주중에 하루씩 선택해 휴일을 갖는 시스템이다. 과거에는 오전, 오후 파트로 나눠 근무해 불규칙한 생활을 해왔으나, 주 5일제 도입으로 근무일에는 오픈부터 마감까지 풀타임으로 일하고 주 2회 휴일을 갖는 것이다.

또한 예식 손님이 있는 일요일에는 예약을 받아 이 원장이 대부분 시술하고 디자이너 근무 시에는 휴일 수당을 지급하는 방식을 채택했다.

이 원장은 "헤어살롱에서 일요일 휴무를 내세웠을 때 주변에서는 우려의 말을 많이 건넸다"라며 "하지만 걱정과 달리 전체 매출에는 변동이 없었으며, 오히려 휴식 후 일에 집중할 수 있는 효율적인 근무 형태가 정착됐다"고 설명했다. 이어 "미용은 서비스업이지만 남들이 쉴 때 쉬고, 일할 때 일한다는 것이 어찌 보면 미용인의 위상을 높이는 것이라고 생각한다"고 말했다.

다양한 고객층 고려한 인테리어 수 헤어클럽의 고객은 어린아이부터 노년층까지 다양하게 분포돼 있다. 헤어살롱 고객관리 프로그램을 제공하는 업체에서도 이례적으로 다양한 고객층이 고루 이뤄져 있다고 놀라워 할 정도라고.

이러한 고객 특성을 반영해 인테리어 역시 경대를 가운데 배치해 공간을 분리해 구성했다. 고객들의 사랑방

▲이병순 원장

역할을 하는 헤어살롱에서 연령대별로 함께 이야기할 수 있도록 꾸민 것이다.

다양한 고객층과 충성 고객이 많은 수 헤어클럽은 방문고객에게 문자를 보내 시술한 머리가 맘에 드는지를 물으며 감사의 마음을 표현하다. 또 생일에도 축하 메시지를 보내며 고객을 관리하고 있다. 하지만 최근에는 이러한 것을 귀찮아하는 고객들도 있어 문자 수신 여부를 확인하는 세심함도 잊지 않는다.

더불어 올 여름 시즌에는 약간의 변화를 모색하고 있다. 그동안 제휴카드는 물론 이벤트를 진행한 적이 없었지만 올해는 여름방학을 맞아 학생들을 대상으로 대대적인 할인 프로모션을 기획, 학생 고객층을 유도한다는 방침이다.

30여년 가까이 미용계에 몸담고 있는 이병순 원장은 후배 미용인들에게 "요즘 디자이너들이 이직도 잦고 편한 일만 찾는 경향이 있다"며 "미용을 평생직장으로 생각해 열심히 일하고, 특히 단순한 돈벌이가 아닌 진정 미용을 사랑하는 마음으로 임해야 한다"고 강조했다.

김모진 헤어 토탈 미가

인·터·뷰 　김모진 원장

기술 뒷받침돼야 고객만족 … 기술 원천은 공부

전북 완산구 평화동에 위치한 김모진 헤어 토탈 미가는 한 곳에서 19년간 자리를 지키며 고객들의 신뢰를 얻고 있는 헤어살롱이다. 전주뿐 아니라 익산, 군산, 진안, 광주 등 타 지역에서도 예약하고 찾아올 만큼 명성이 자자하다.

고객 신뢰 높아 인근 도시서도 예약하고 찾아와

고객이 원하는 헤어스타일을 정확히 파악하고 김모진 원장이 직접 맞춤 헤어스타일을 시술하기 때문에 고객들의 만족도가 높다.

김모진 원장의 실력도 실력이지만 정성을 다한 서비스는 고객을 감동시켜 신생아부터 80대 어르신까지 단골고객으로 만들며 사랑방 역할도 톡톡히 해 정이 오가는 공간으로 편안함을 준다.

지난해 12월에는 헤어살롱 한 편을 피부관리를 받을 수 있는 공간으로 만들어 헤어는 물론 피부관리까지 원스톱으로 서비스할 수 있는 시스템을 구축해 고객 서비스의 질을 높였다. 피부관리는 자격증을 취득한 전문 관리사가 100% 예약제로 운영하고 있다.

김모진 원장은 "김모진 헤어 토탈 미가를 오픈할 당시 아파트 상가에 6개의 헤어살롱이 성업하고 있을 만큼 경쟁이 치열했다"며 "하지만 '내 기술이 최고'라는 자부심과 마음으로 고객들을 대해 오늘의 김모진 헤어 토탈 미가를 성장시켰다"고 설명했다.

늦깎이로 30여년 미용인 길 걸어 30여 년 간 미용인의 길을 걸으며 전문가로서 최고가 되기 위해 노력해 온 김모진 원장은 결혼 이후 세 아이의 엄마로 늦은 나이에 미용의 길로 뛰어들었다. 어려운 시기와 고비를 넘기면서도 실력을 키우기 위해 최선을 다했던 김모진 원장은 2002년 헤어디자인학과에 진학해 만학도의 꿈을 이루었다.

김모진 원장은 "미용의 길로 뛰어들면서 미용으로 성공하기 어렵다는 주위의 편견을 깨고 싶었다"며 "늦게 출발한 만큼 더 많이 공부하고 노력했다. 힘든 시기도 있었지만 포기하지 않고 보다 나은 내일을 위해 끊임없이 도전하는 정신으로 미용인의 길을 걸어 왔다"고 말했다.

김모진 원장은 고객들이 헤어살롱을 방문해 시술을 받고 돈이 아깝다는 생각이 들지 않도록 최고의 기술로 서비스해야 하는 것이 헤어디자이너의 운명이자 의무라고 강조한다.

김모진 원장이 고객 만족을 위해 강조하는 최고 기술력의 원천은 바로 공부이다.

김모진 원장은 "3개월이면 헤어스타일, 트렌드가 빠르게 바뀐다. 고인 물이 되면 안되는 이유이다"라며 "꾸준히 새로운 것을 찾고 배우는 것에 대한 두려움을 없애야 한다. 미용은 육체적 정신적으로도 고된 직업이기는 하지만 그만큼 성취감과 만족도가 높은 직업이다"고 말했다.

▲남보다 늦게 시작해 30여년간 미용의 길을 살아온 김모진 원장은 기술력의 원천은 공부라고 강조한다.

전주대 사회교육원에 미용과 개설
대학 강의 · 기술강사 통해 후학 양성

미용사회 완산지부장 두번째 맡아
미용봉사 활발 … 전북지사 표창 수상

다양한 자격증 취득 이처럼 김모진 원장의 미용 공부에 대한 열정은 노동부·교육인적자원부 미용교사 자격증, 보육교사 자격증, 천안(병천) 과학기술고등학교 교원자격증, 이·미용장 자격증 등 다수의 자격증 취득으로 이어졌다.

김모진 원장은 자격증 취득을 위해 공부를 하지는 않았다며 "미용장에 6번 도전한 끝에 합격했다. 미용장에 도전하며 체계적으로 미용 공부하면서 기술은 물론 내 스스로 공부하는 방법을 터득할 수 있었다"고 말한다. 즉, 부지런히 공부를 하다보면 기술력이 좋아지는 것은 물론 유·무형의 새로운 가치는 부수적으로 따라온다는 것이다.

공부는 기술력의 원천이라는 확고한 신념으로 미용인의 길을 걷고 있는 김모진 원장은 후학 양성에도 남다른 열정을 보인다.

1999년에 숙명여대와 이화여대에 이어 전국에서 세 번째로 전주대학교 사회교육원에 미용학과를 개설하며 주임교수로 후학 양성에 나선 김모진 원장은 현재 기전대학교 헤어디자인과 교수로, 대한미용사회중앙회 8기 기술강사로 후학 양성에 정성을 쏟고 있다.

김모진 원장은 "학교에서 배웠던 이론과 현장에서 쌓은 노하우를 학생과 후배들에게 가르치고 있다"며 "기술은 죽을 때 가지고 갈 수 있는 것이 아니기 때문에 미용에 대한 열정이 있는 후배들에게 내 모든 것을 아낌없

이 나눌 것"이라고 강조했다.

이어 "기술강사로서 신기술을 보급하는 데 많은 책임감을 느낀다. 내가 어려운 환경에서 힘들게 기술을 배웠지만 후배들은 보다 좋은 환경에서 배울 수 있도록 노력하고 있다"며 "실력 있는 헤어디자이너들이 많이 발굴되어야 미용인의 위상과 발전도 있는 것"이라고 말한다.

김모진 원장의 또 다른 직함은 대한미용사회중앙회 전북지회 완산지부장으로 많은 회원들의 권익을 보호하는 대변인으로 먼저 행동하고 실천하는 자세로 협회 일에 앞장선다. 특히 김모진 원장은 10대 지부장에 이어 13대 지부장으로 선출될 만큼 지회가 어려운 시기에 구원투수로 등장해 회원들의 신임이 높다.

지난해에는 소상공인 지원을 위해 상공회의소에서 진행하는 미용관련 프로그램의 교육을 수료한 회원들을 대상으로 금융권에서 3% 미만의 금리로 헤어살롱 운영자금을 지원받을 수 있도록 했다. 이외에도 홈페이지 관리와 홍보물, 정기 소식지 등을 통해 각종 정보 교류가 이루어질 수 있도록 관리하면서 강연이나 세미나 등을 열어 유익한 교육을 회원들에게 제공한다.

헤어살롱 원장, 미용장, 대학교수, 기술강사, 완산지부장 등 다양한 위치에서 에너지 넘치는 활동을 보이는 김모진 원장은 최근 또 하나의 직함이 생겼다. 미용을 통해 봉사를 펼치는 '美사피플' 단체를 창립한 것. 美사피플은 50여 명의 회원이 국내의 오지를 방문해 봉사활동을 펼치는 단체이다. 김모진 원장은 그동안 봉사활동에 기여한 공로를 인정받아 지난 5월 전북도지사 표창을 수상했다.

Info ●————————————————

• **영업시간** 오전 9시~오후 8시
• **연 락 처** 063-288-4352
• **주   소** 전북 전주시 완산구 평화동 1가 445
• **찾아가기** 평화동 1가 주민센터 맞은편 주공아파트 상가 2층

육교미용실

신뢰받는 기술·편한 분위기 … 충성고객 많아

Manpower

원　　　장	김옥초
디 자 이 너	김지훈, 최정옥, 전진경, 한경희, 이정희, 김희진

Info

- **영업시간** 오전 9시~오후 9시
- **연 락 처** 063-272-1763
- **주　　　소** 전북 전주시 완산구 서노송동 651-31
- **찾아가기** 세이브존 맞은 편 전주중앙신협 옆 건물

육교미용실은 전주시의 유일한 백화점으로 유명 했던 전주 코아백화점과 한때는 유일했던 육교가 있었던 중심가에 위치해 있다.

현재는 육교가 철거되고 롯데백화점이 신시가지에 오픈했으며, 신도시의 개발로 상권이 분산되기는 했지만, 아직도 육교미용실은 많은 고객들에게 육교 앞의 헤어살롱으로 많은 사랑을 받고 있다.

경력 디자이너들의 깊이 있는 기술력 30여 년의 역사를 자랑하는 육교미용실은 40대부터 60대까지 중장년층의 여성고객들로 20~30년 단골고객이 주고객층을 이루고 있다. 특히 IMF 외환위기 등 국내 경기 침체로 많은 산업이 어려움을 겪을 때에도 육교미용실은 경영에 어려움을 느끼지 못 할 정도로 충성고객이 많다.

전주시 인근을 비롯해 광주, 대전, 천안 등 다른 지역에서도 예약을 하고 고객들이 찾을 만큼 육교미용실은 유명세를 타고 있다.

여기에 10년에서 15년 이상의 경력을 가진 디자이너들은 젊은 디자이너들이 가지고 있지 않는 깊이가 있는 기술력을 선보이며 고객들을 언제나 편안하게 맞이하고 있다.

육교미용실 김옥초 원장은 "육교미용실을 처음 오픈할 당시 전주시내에서 유일하게 육교가 있는 곳에 위치해 별다른 마케팅이나 홍보 없이 유명해졌다"라며 "육교미용실이 위치한 지리적인 위치 때문에 유명해진 이유도 있었지만 그래도 뛰어난 기술력이 없었다면 30여 년 동안 한 자리에서 헤어살롱을 경영하기 어려웠을 것"이라고 설명했다.

김옥초 원장이 말하는 육교미용실의 가장 큰 경쟁력은 '가족과 같은 편안한 분위기'와 '신뢰 받는 기술력'이다.

육교미용실은 화려한 인테리어를 자랑하는 대규모 헤어살롱은 아니지만 고객들이 편안하게 찾을 수 있도록 심플한 인테리어와 오랜 시간 단골고객을 맞

이한 디자이너들이 가족과 같은 편안함을 선사한다.

여기에 고객들의 눈빛만 보고도 고객들이 원하는 헤어스타일을 연출하는 기술력은 타 헤어살롱에서 경험하기 어려운 육교미용실만의 자랑이다.

김옥초 원장은 "이직률이 높고, 기술력과 인성을 겸비한 인력을 구하기가 점점 어려워지는 현실에서 10여 년 이상의 경력 디자이너들이 고객을 맞이하는 것은 육교미용실만의 가장 큰 경쟁력이다. 디자이너들의 복지를 위해 기혼자의 경우 탄력근무제를 도입해 우수한 인력이 퇴사하지 않고 계속 근무할 수 있도록 노력하고 있다"고 밝혔다.

또 "디자이너들이 오랜 시간 단골고객들을 직접 맞이해 고객들과 유대감이 높아 특별한 인성교육 없이도 모든 고객들이 편안하게 서비스를 받고 갈 수 있다"고 말했다.

미용 전 부문의 고른 기술력 또한 우수한 기술력을 기본으로 가격 경쟁력이 있는 육교미용실의 서비스는 고객들의 만족도를 높이고 있다.

김옥초 원장은 "미용은 커트와 펌, 컬러 등 모든 부문이 유기적으로 함께 어울려야 완성도 높은 스타일을 만들 수 있다"며 "육교미용실의 디자이너들은 헤어스타일 시술에 있어 모든 부문의 고른 기술력을 가지고 있기 때문에 고객들의 만족도가 높다"고 강조했다.

이어 "대도시 중심상권의 헤어살롱들은 고가의 정책을 펼치고 있지만, 대도시가 아닌 전주의 경우 높은 가격에 대한 고객들의 거부감이 다소 남아 있다"며 "육교미용실는 중저가의 가격대로 고품격 서비스를 제공하기 때문에 가격 대비 만족도가 높다"고 설명했다.

김옥초 원장

육교미용실의 김옥초 원장은 30여 년 동안 헤어살롱 경영은 물론 대한미용사회 지부 활동도 열정적으로 펼치며 전주 지역의 미용인들에게는

한 가지 일을 오래 하다 보면 노하우가 쌓이고 기술력은 좋아지겠지만 매너리즘에 빠지고 현실에 안주하기 쉽다"며 "항상 새로운 것에 도전하고 공부하는 자세를 가져야 한다. 나 역시 평생교육원을 통해 끊임없이 공부하고 있으며, 개인 레슨을 받는 등 미용에 대한 공부를 게을리 하지 않는다"고 강조했다.

미용, 아직도 흥미진진 … 늘 새 것에 도전
디자이너 아들, 살롱 경영자로 성장 기대

'철인'으로 통한다.

김옥초 원장이 철인이란 애칭을 갖게 된 것은 미용을 천직으로 생각하고 일을 즐기기 때문이다.

김옥초 원장은 "미용을 시작해 30여 년 동안 일이 힘들다고 느껴본 적이 없다"며 "아직도 미용에 대한 모든 것이 흥미롭고 새롭다"고 말했다. 김옥초 원장은 30여 년 동안 수도 없이 시술해 왔던 펌과 컬러, 커트 등이 아직도 시술을 할 때마다 흥미롭고 새롭다는 것.

김옥초 원장은 "모든 일을 즐기면서 할 수 있어야 롱런할 수 있다.

육교미용실에는 미용대학교를 졸업한 김옥초 원장의 아들이 5년째 디자이너로 근무하고 있다.

김옥초 원장은 "아들이 좋은 대학교를 나와서 대기업에 입사하는 것도 좋은 길이겠지만, 미용은 창조적인 직업이기 때문에 아들에게 미용의 길을 적극 추천했다"며 "미용은 고부가가치산업으로 본인이 노력한 만큼 성과를 얻을 수 있는 직업으로 매력적이다"고 말했다.

이어 "그동안 고객관리와 마케팅, 홍보 등 보다 전문적인 헤어살롱 경영에 부족한 점이 많았다"며 "아들이 디자이너로 성장은 물론 새로운 경영 기법을 도입해 헤어살롱 경영자로서도 성장하길 기대한다"고 말했다.

이철헤어커커 전주 서신점

최고 시설서 최고 기술로 최고 서비스 제공

Manpower ●
원   장 김현
부 원 장 이은하
이   사 제이드(Jade)
실   장 유지인
스타일리스트 현정, 윤지

Info ●
• 영업시간 오전 10시~오후 10시
• 연 락 처 063-251-2326
• 주   소 전북 전주시 완산구 서신동 970-2번지 1층
• 찾아가기 KT빌딩 맞은편 더즌빌딩 1층

이철헤어커커 전주 서신점은 전주의 유일한 백화점인 롯데백화점이 있는 전주 최고의 상권에 위치해 있다.

이철헤어커커 전주 서신점을 이끌고 있는 김현 원장은 27년 동안 김현 미장이라는 개인 브랜드로 전주 지역 최고의 상권에서 헤어살롱을 운영해오다 지난해 프랜차이즈 헤어살롱인 이철헤어커커로 전환했다.

김현 원장의 탁월한 기술력과 경영 능력이 시너지를 발휘하며 헤어살롱 전환 1년이 채 안된 올해 상반기에 이철헤어커커 지점 평가에서 호남권 1위를 차지하는 기염을 토했다.

이철헤어커커 전주 서신점은 330m²(100평)의 복층 구조로 프랜차이즈 헤어살롱의 획일화된 인테리어가 아닌, 김현 미장의 전통적인 콘셉트와 이철헤어커커의 인테리어 콘셉트를 적절히 조합해 고급 헤어살롱의 분위기를 연출했다. 특히 2층은 헤어케어, VIP룸, 퍼스널 프라이빗 공간으로 꾸몄다.

지방의 중소도시에 위치했지만 이철헤어커커 전주 서신점은 서울의 중심상권에 위치한 헤어살롱 못지않은 고가 정책을 유지하고 있다. 이는 김현 원장의 확고한 경영 철학이 있기 때문에 가능한 것.

고객만족도 높여 정당한 가격 받는다 김현 원장은 "처음에는 물론 가격에 대한 소비자의 거부감이 있었다. 하지만 기술력을 높이고 정당한 가격을 받는 것이 중요하다고 생각했다"며 "지방의 헤어살롱이지만 3억원대의 인테리어 비용을 투자하는 등 최고의 공간에서 최고의 서비스를 제공하기 때문에 이제 고객들도 가격에 대한 거부감은 없다"고 말했다.

특히 고객들이 헤어스타일에 100% 만족하고 한 번 시술한 헤어스타일은 3~4개월 동안 완벽하게 유지될 수 있도록 시술하기 때문에 고가의 시술 비용에도 고객들의 만족도가 높다.

여기에 인성이 올바르지 않으면 기술 전수를 하지 않는 김현 원장의 강력한 교육 철학을 바탕으로 영국 비달사순에서 교육을 수료한 디자이너를 영입, 기술 교육을 한층 강화해 서비스와 기술력에서 타 헤어살롱들과 차별화에 나서고 있다.

젊은 신규 고객 확보 중요 또한 김현 원장은 한 상권에서 오랜 시간 헤어살롱을 운영하지 않는 독특한 원칙도 지켜가고 있다. 한 상권에 오랜 시간 헤어살롱을 운영하는 것보다는 새로운 상권, 패션과 문화의 중심지로 옮겨가 젊은 고객들이 걸어서 찾아올 수 있는 상권에 위치해 신규 고객을 확보해야 한다는 것이다.

김현 원장은 "전통이 있는 헤어살롱을 보면 한 상권에서 오랜 시간 운영을 하며 단골고객이 많다. 하지만 원장님들의 나이가 들어 갈수록 단골고객들의 연령층도 함께 높아지면서 새로운 젊은 층의 신규 고객 확보가 안된다"며 "김현 미장에서 프랜차이즈 헤어살롱으로 전환한 이유 중 하나가

▲이철헤어커커의 인테리어 콘셉트와 김현 원장이 이전에 경영하던 김현 미장의 콘셉트를 조합한 복층 구조가 눈길을 끈다.

새로운 젊은 고객층을 확보하기 위함"이라고 설명했다.

이어 "지방에서 개인 브랜드로 고가의 헤어살롱을 유지하는 것은 정말 힘든 일"이라며 "프랜차이즈 헤어살롱의 경우 경영에 대한 정보를 공유할 수 있을 뿐만 아니라 타 지역의 가맹점을 벤치마킹도 가능해 항상 변화할 수 있다는 점에 매력이 있다"고 덧붙였다.

'비전·변화 과정' 고객과 공유 27년 동안 한결같은 최고의 기술과 서비스를 제공하며 미용의 길을 걷고 있는 김현 원장의 가장 큰 버팀목은 바로 '정직'과 '성실'이다. 고객들에게 비전을 제시하고 헤어살롱과 자신이 변화해 가는 과정을 고객과 함께 공유하는 것이 헤어살롱이 발전하는데 가장 큰 힘이라는 것.

김현 원장은 "항상 고객들에게 약속하는 것이 있다. 최고의 시설에서 최고의 기술로 최고의 서비스를 제공하는 것"이라며 "최고의 헤어살롱을 찾는 고객들은 입점하는 순간부터 최고의 고객이 된다"고 말했다.

김현 원장 ●

미용인에게 가족과 저녁이 있는 삶을 보장해주고 싶다는 김현 원장.

미용이 전문직으로 사랑을 받고 있지만 늦은 퇴근 시간

직원들 복지 증진 위해 최선 다하고 스타디자이너 되도록 후배 지원할 것

과 경쟁이 치열해지면서 휴일을 보장 받지 못하고 일을 하고 있는 것이 현실이라며 안타까워 했다.

김현 원장은 "헤어살롱에서 일하는 직원들은 가족과 함께할 수 있는 시간이 없다"며 "한 가정의 어머니로서 아버지로서 퇴근해서 식구들과 따뜻한 밥을 먹고, 휴일만큼은 가족과 함께 보낼 수 있도록 근무 환경 개선에 나설 것"이라고 강조했다. 이어 "일요일에도 경쟁적으로 헤어살롱을 오전 10시에 오픈하고 있는 현실에서 주변의 대형 헤어살롱과 협의를 통해 오후 시간에 동시에 오픈하는 방법도 검토하고 있다"고 덧붙였다.

대학을 졸업한 고급 인력들이 증가하면서 김현 원장은 직원들의 복지에도 많은 지원을 아끼지 않는다.

김현 원장은 "미용을 건강하게 오랫동안하기 위해서는 체력이 중요하다"며 "가장 기본이 되는 음식부터 전문 영양사가 식사와 간식을 준비해 직원들의 건강을 고려하고 있다"고 말했다. 특히 "미용인들은 손을 아껴야 한다. 스태프 시절 오랜 시간 샴푸만하다 정작 디자이너로 활동해야 할 시기에는 손목과 팔꿈치, 어깨에 무리가 가서 고생하는 후배들을 많이 봤다"며 "후배들이 디자이너로 성장하기 위해서는 자신의 건강을 잘 관리해야 한다"고 조언했다.

김현 원장은 "훌륭한 디자이너를 꿈꾸며 미용을 시작하는 후배들을 위해 많은 스타 디자이너가 배출돼야 한다"며 "훌륭한 디자이너를 꿈꾸며 미용의 길을 걷고 있는 후배들이 스타 디자이너로 성장할 수 있도록 아낌없는 지원을 할 것"이라고 말했다.

김채임헤어살롱

'커트 · 펌 잘한다' 명성 자자 … 고객 문전성시

Manpower

원　　　장　김채임
디 자 이 너　최세림, 하은정, 장채연

Info

- **영업시간**　오전 9시30분~오후 9시(일요일 휴무)
- **연 락 처**　061-723-5687
- **주　　　소**　전남 순천시 연향동 1337-10
- **찾아가기**　연향동 아디다스 건물 옆

전남 순천의 패션과 젊음의 거리로 유명한 '순천 1번가'에 위치한 김채임헤어살롱은 커트와 펌을 잘하기로 소문난 헤어살롱이다.

김채임헤어살롱이 있는 곳은 대단위 아파트 단지가 밀집한 신도시 상권으로 유동인구가 많은 것이 특징이다.

주말엔 혼주 메이크업 · 업스타일 고객으로 문전성시 35년 미용 경력을 자랑하는 김채임 원장이 이끌고 있는 김채임헤어살롱은 헤어스타일의 변화를 원하는 고객들로 문전성시를 이룬다. 특히 김채임헤어살롱의 기술력은 순천의 인근 지역뿐만 아니라 멀리는 서울과 부산에서 고객들이 찾을 정도로 정평이 났다.

김채임 원장은 헤어와 피부관리, 웨딩숍까지 토털 뷰티숍을 경영한 경험을 바탕으로 김채임헤어살롱을 혼주 메이크업과 업스타일이 뛰어난 헤어살롱으로도 성장시켰다. 주말의 경우 혼주 메이크업과 업스타일을 위한 예약 고객들로 일반 헤어 고객은 받지 못할 정도이다.

특히 김채임헤어살롱은 순천시에서 숍 인지도, 위생, 서비스, 시설 등을 평가해 지정하는 'BEST 우수미용업소'로 선정돼 기술력과 서비스, 환경 등 모든 부문에서 순천을 대표하는 헤어살롱으로 자리매김했다.

초심 잃지 않는 성실 · 겸손 · 진실 인정 받아 김채임헤어살롱이 순천을 대표하는 헤어살롱으로 성장할 수 있던 배경에는 '초심을 잃지 말자'는 김채임 원장의 확고한 경영철학이 있다. 김채임 원장은 "미용을 처음 시작했을 때 가진 초심을 잃지 않고 헤어살롱을 경영하고 고객들을 대한 것이 성장의 비결"이라며 "성실하고 겸손하며 진실된 마음으로 고객에게 서비스한다는 초심을 지금도 항상 지켜가고 있다"고 말했다.

30여 년 동안 김채임헤어살롱을 찾는 단골고객들은 김채임 원장을 비롯해 직원들도 예나 지금이나 한결같이 변함이 없는 서비스를 제공한다고 평가한다.

또한 직원들과 수직적인 관계가 아닌, 같은 시각에 출근해서 기술 발전은 물론 헤어살롱의 발전을 위해 스스럼없이 대화를 나누는 등 수평적인 관계에서 묻어나는 가족적인 분위기는 김채임헤어살롱의 또 다른 성장동력이다.

앞서가는 직원복지 · 수평적 관계 … 고객에 편안한 서비스 가능 김채임 원장은 "원장이 됐다고 해서 권위적으로 직원들을 대해 본 경험이 없다. 현재도 바닥 청소부터 샴푸까지 원장인 내가 먼저 나서서 솔선수범하고 있다"며 "수평적인 관계에서 묻어나는 가족과 같은 분위기에서 고객들은 한층 편안하게 서비스를 받을 수 있다. 직원들의 고충을 이해하려는 열린 마음으로 직원들이 일에 집중할 수 있는 환경 조성에 노력하고 있다"고 말했다.

헤어살롱의 특성상 일요일에 전 직원이 휴무를 하기 어렵지만 김채임헤어살롱은 올해부터 일요일 휴무제를 도입

하는 등 직원 복지 향상에도 나서고 있다.

김채임 원장은 "직원들의 건강을 위해 식사부터 신경을 많이 쓰고 있다. 또 직원 가족들의 소소한 가족사도 틈틈이 챙기는 등 직원 복지를 위해 노력하고 있다"며 "급여 부문도 타 헤어살롱보다 높게 책정해 직원들의 사기를 높였다. 일요일 휴무제를 시행하고는 있지만 혼주 메이크업 등 예약 고객에게 서비스하기 위해 출근하는 직원들에게는 휴일 근무 특별 수당도 지급하고 있다"고 설명했다.

진실된 서비스로 고객에게 사랑을 받고 있는 김채임헤어살롱은 TV헤어 강좌와 인터넷 등을 통해 트렌드 변화에 대응하고 있으며, 기술강사인 김채임 원장의 교육과 대한미용사중앙회에서 진행하는 기술교육에 빠짐없이 참석하며 우수한 기술력을 유지하고 있다.

김채임헤어살롱의 경쟁력

커트 시간이 지날수록 헤어스타일이 예쁘게 유지되는 기술력으로 사랑받고 있다.
펌 자연스럽고 고급스러운 웨이브에 강점이 있다. 손상된 모발의 상태를 회복시켜 주는 펌도 인기이다.
컬러 세련되고 깊이 있는 컬러감을 선사한다.

김채임 원장 ●

헤어살롱을 경영하며 단 한 번도 문자메시지를 보내는 등 고객관리를 하지 않았지만 순천을 대표하는 헤어살롱으로

고객과 상담 시에는 고객의 의견을 많이 들어 준다는 김채임 원장은 "고객과 상담 시 고객이 원하는 스타일을 먼저 듣고 최근의 트렌드, 모발 상태 등을 종합해 내 의견을 30% 정도 제시해 스타일을 완성함으로써 고객들의 만족도가 높다"고 말했다.

진실된 마음으로 소통 … 고객 신뢰 높아
전문 직능 '미용인' 위상 더욱 제고돼야

성장한 김채임헤어살롱의 비결은 진실된 마음이다.

김채임 원장은 "헤어살롱을 경영하며 가장 못한 부문은 고객관리이다. 점수를 주자면 0점"이라며 "하지만 형식적이고 인위적인 고객관리보다 진실된 마음으로 고객과 소통하기 때문에 특별한 고객관리가 없어도 고객과 신뢰도를 높일 수 있었다"고 설명했다.

35년 동안 미용의 길을 걸으며 서산의 소나무와 같이 변함없이 한결같은 서비스로 고객들의 사랑을 받고 있는 김채임 원장은 미용인이 전문 직능인으로서 사회에서 더욱 인정받길 원한다.

김채임 원장은 "미용인의 위상이 사회적으로 많이 향상됐지만 아직도 부족하다. 전문직으로 인정받기 위해서는 미용인 스스로 자기 개발에 더욱 충실해야 한다"며 "기술적인 부분뿐 아니라 인격과 성실한 자세 등 모든 부문에서 사회적으로 인정받아야 미용이 전문 직업으로 존경 받을 수 있을 것"이라고 강조했다.

문승재헤어랜드

앞선 고객관리 · 우수한 기술 · 편안한 서비스 '강점'

Manpower
원   장 문승재
디자이너실장 최순희
디 자 이 너 김수정, 문신혜

Info
- **영업시간** 오전 9시30분~오후 9시 (1, 3주 일요일 휴무)
- **연 락 처** 061-279-5580
- **주   소** 전남 목포시 용담1동 1055-54호
- **찾아가기** 2광장 한빛안과 옆 건물

문승재헤어랜드는 상가와 병의원이 밀집한 목포의 구 도심 상권에 위치했다. KTX 목포역과 고속버스터미널이 인접해 목포의 동맥과 같은 교통의 요지로 유동인구가 많은 것이 특징이다.

또한 목포과학대학교와 목포대학교도 인접해 20대부터 40대까지 다양한 연령층의 고객들이 찾고 있다.

시술 내용 활용 … 재방문율 제고 · 고객이 원하는 스타일 제안 680여 헤어살롱이 성업 중인 목포에서 문승재헤어랜드는 철저한 고객관리로 유명하다.

문승재 원장은 헤어살롱에서 고객관리가 일반화되지 않았던 1990년대부터 도스(Dos) 컴퓨터를 활용해 철저한 고객관리에 나서고 있다.

문승재 원장은 "의사들이 진료 기록을 바탕으로 환자를 진료하고 재방문 시기를 정해주는 것을 벤치마킹했다"며 "헤어살롱에서도 커트, 펌, 컬러, 클리닉 등 고객들의 시술 내용을 기반으로 재방문 시기를 알려줘 재방문을 적극 유도해야 한다"고 설명했다.

최근에는 최신의 고객관리 프로그램을 활용해 방문 고객을 대상으로 재방문 일자를 문자 메세지로 알려주는 시스템을 구축해 재방문율을 높이고 있다.

문승재 원장은 "단순히 문자 메시지를 자동으로 전송해서는 재방문을 유도할 수 없다"고 지적하며 "각 헤어살롱의 특성에 맞는 프로그램을 개발하고 재방문을 유도할 수 있는 상담 기법도 활용해야 발전할 수 있다"고 강조했다.

최신의 프로그램을 활용한 고객관리는 고객들과 상담 시에도 폭넓게 활용되고 있다. 문승재 원장은 "목포는 지역적인 특성이 있고 고객들의 성향이 서울 등 대도시와는 큰 차이가 있다"며 "고객관리 프로그램에 입력된 자료를 기본으로 스타일 북이나 최신 트렌드를 접목해 고객들의 입맛에 맞는 헤어스타일을 제안해 만족도를 높이고 있다"고 말했다.

고객·직원과 가족같은 분위기 문승재헤어랜드의 경쟁력은 기술교육에서도 찾을 수 있다. 8년차 이상 경력의 디자이너들이 포진한 문승재헤어랜드는 미용학박사, 미용기능장, 이용기능장, 기술강사 등 미용 이론과 기술을 겸비한 문승재 원장이 직접 교육하며 차별화된 기술력을 선보이고 있다. 또한 대한미용사회 목포시지부에서 진행하는 기술교육도 빠짐없이 참석해 기술의 완성도를 높이고 있다.

우수한 기술력에 가족과 같은 헤어살롱의 분위기는 고객들이 편하게 서비스를 받고 갈 수 있도록 배려하고 있다.

문승재 원장은 "과도하게 친절한 서비스는 오히려 고객들이 불편해 한다"며 "고객들이 거부감 없이 편안하게 서비스 받을 수 있도록 직원들은 물론 고객들과도 가족과 같은 분위기를 조성하기 위해 주력하고 있다"고 설명했다.

여기에 문승재 원장을 비롯해 모든 직원들이 접객부터 시술 등 전 과정을 책임지고 수준 높은 서비스를 제공해 무

안, 진도, 부안 등에서도 고객들의 방문이 이어지고 있다.

문승재 원장, 지역 미용교육에도 헌신 문승재 원장은 2010년 4월 대한미용사회 목포시지부장으로 취임한 이후 같은 해 5월 전남서부지회장으로도 취임해 현재까지 지역의 미용산업 발전을 위해 뛰고 있다.

문승재 원장은 올해 지역의 미용인들을 위해 교육을 강화할 방침이다.

문승재 원장은 "서울과 경기도를 비롯해 대도시는 교육 열도 높을 뿐만 아니라 교육을 진행하기도 쉽다"며 "하지만 지방의 소도시의 경우 교육장과의 거리가 멀어 전체 회원을 대상으로 교육을 진행하기 어려운 면이 있다"고 전했다. 이어 "올해는 교육이 필요한 지회와 지부가 있다면 찾아가는 서비스를 제공해 회원들의 기술 발전을 위해 노력할 것"이라며 "또한 지역 미용산업의 발전과 활성화를 위해 도지사배 전국 미용대회 개최도 준비할 방침"이라고 말했다.

문승재 원장 ●

문승재 원장은 27년 동안 미용의 길을 걸으며 미용학박사, 미용기능장, 이용기능장을 취득하고 기술강사로 활동하는 등 미용 이론과 기술을 겸비한 진정한 미용기능인으로 손꼽힌다.

트 자격증을 취득한 이후 후배들이 헤어살롱을 오픈할 때 상권을 분석하고 경영과 마케팅에 도움을 주고 있다. 미용과 관련이 없어 보이는 부문도 배우고 공부하면 언젠가는 활용할 가치가 있다"고 말했다.

미용학박사로 다양한 저서와 논문을 저술한 문승재 원장은 그동안 현장업무와 학업으로 얻었던 노하우를 책으로 만들어 후배들에게 전수하는 것이 목표이다.

그는 "건강이 허락한다면 기술에는 정년이 없다. 미용은 기술이고 기능이자 과학이기 때문에 기초 공부와 디자인 감성을 키우기 위한 노력을 해야 한다"며 "국내

이론·기술 겸비한 진정한 미용기능인
연구성과·현장 노하우 담은 저서 구상

문승재 원장은 "최고보다는 최선을 다하자는 긍정적인 마음으로 살아오고 있다"며 "최고가 되기 위해 최선의 노력을 다하다 보면 어느 순간 주변 사람들에게 인정받고 최고의 자리에 오를 수 있다"고 말했다.

미용과 관련해 한 개도 취득하기 어렵다는 자격증을 다수 보유한 문승재 원장은 훈련교사 2급, 레크레이션 1급지도자, 컬러리스트 기사, 자영업컨설턴트 자격증 등 다양한 자격증을 취득한 독특한 이력을 자랑한다.

문승재 원장은 "배움에 대한 열정은 언제나 배고프다. 미용에 필요할 것 같지 않은 레크레이션도 고객을 접객하고 직원과 대한미용사회 회원들과 소통하고 관리하는 부문에 도움이 된다"며 "자영업컨설턴

미용은 세계적으로 인정받으며 이제는 세계적으로 트렌드와 디자인을 개발해 발표할 수준이 됐다. 국가에서도 미용산업 발전을 적극 지원하는 만큼 후배들이 더 많이 공부하고 노력해야 한다"고 조언했다.

- 2008년 　　　　　　　　조선대학교 산업대학원 석사과정 졸업
- 2012년 　　　　　　　　광주여자대학교 일반대학원 박사과정 졸업
- 2010년 4월~현재 　　　대한미용사회 목포시지부장
- 2010년 5월~현재 　　　대한미용사회 전남서부지회장
- 2006년 4월~현재 　　　목포대학교 겸임교수
- 2008년 8월~현재 　　　광주여자대학교 외래교수

박준뷰티랩 김해 삼계점

최고 가치의 '고객 중심 서비스' 실천

Manpower

대　　표	이재철
원　　장	박환
부 원 장	유혁
실　　장	혜경
팀　　장	시우

Info

- **영업시간** 오전 9시30분~오후 11시 (3교대 근무)
- **연 락 처** 055-313-6598
- **주　　소** 경남 김해시 삼계동 1490-2 파크프라자 2층
- **홈페이지** www.kgparkjun.com
- **찾아가기** 부산 경전철 장신대역 사거리에서 파크프라자 2층 미스터피자 옆

박준뷰티랩 김해 삼계점은 2010년 5월에 오픈해 2011년 박준뷰티랩 우수매장으로 선정될 만큼 지역 상권에 안착하며 김해 지역을 대표하는 헤어살롱으로 빠르게 성장하고 있다.

박준뷰티랩 김해 삼계점은 역세권인 부산 경전철 장신대역에 위치해 주변에 대형 마트, 병원, 상가들이 밀집해 있어 유동인구도 많은 편이다.

특히 삼계 지역은 신도시 개발로 대단위 아파트 단지가 형성돼 20~40대 여성 고객은 물론 가족 단위 고객이 주 고객층을 이루고 있다.

대형 샹들리에와 원목, 대리석을 이용한 고풍스러운 인테리어와 엔티크한 소품이 어우러져 고급스러움을 강조한 박준뷰티랩 김해 삼계점은 고객 중심의 서비스로 명성이 높다.

최고급 원두를 사용한 커피를 제공하는 것은 물론 20여 가지 음료 서비스를 제공하는 등 헤어살롱이 단순히 헤어스타일만을 바꾸는 곳이 아니라 헤어살롱에 머무는 시간 동안은 편안한 서비스를 받으며 문화적인 휴식을 취할 수 있는 공간으로 고객들에게 다가가고 있다.

고객 위해 다양한 프로모션 진행 이재철 대표는 "서비스는 덤이 아닌 상대방이 필요한 것을 제공하는 것"이라며 "단순한 음료 서비스이지만 획일적으로 커피나 녹차를 제공하는 것이 아니라 다양한 음료 중에서 고객들이 선택을 하도록 하는 것은 사소한 부분이지만 고객 중심의 서비스를 실천하는 첫 단계"라고 강조했다.

대형 마트와 상가가 밀집한 상권에 위치한 박준뷰티랩 김해 삼계점은 VIP 회원들을 대상으로 미스터 피자, 오데뜨 네일, Spa Hyun, KINGS COFFEE 등 고객들이 쉽게 찾고 사용할 수 있는 15개 매장들과 코마케팅을 전개해 보다 다양한 혜택을 누릴 수 있도록 했다.

최근에는 웹마스터를 고용하고 자체 홈페이지를 제작해 헤어 트렌드를 소개하고 월별 이벤트와 프로모션을 홍보하는 등 온라인 마케팅도 활발하게 진행하고 있다.

또한 매월 콘셉트 데이를 지정해 직원들이 교복, 할로윈 데이 등 콘셉트에 맞는 다양한 복장을 입고 고객들을 맞이하며 친밀감을 높이고 있다. 특히 매월 펌, 컬러 등 각 부문별 할인율이 높은 프로모션을 진행해 평소 높은 가격으로 시술받기 부담스러운 메뉴를 저렴하고 부담 없이 시술 받을 수 있도록 이벤트를 진행하고 있다.

우수 인재 영입, 철저히 교육 고객 중심의 서비스를 강조하며 김해 지역의 대표 헤어살롱으로 성장하고 있는 박준뷰티랩 김해 삼계점의 경쟁력은 남다른 인력 구성에서도 찾을 수 있다.

박준뷰티랩 김해 삼계점은 매년 3월과 9월, 두 번에 걸쳐 정규 채용을 통해 우수한 인재를 영입하고 있다. 특히 인성을 강조하는 이재철 대표가 직접 면접을 보며 뽑은 인력들은 기술력은 물론 서비스까지 프로의 마인드로 무장한 최고의 인재들이다.

여기에 체계화된 교육시스템으로 직원들의 기술력을 한 단계 업그레이드시킬 수 있는 펠릭스 아카데미를 자체적으로 운영하고 있다.

펠릭스 아카데미는 커트, 펌, 드라이, 컬러 등 각 부문별로 자체 개발한 커리큘럼을 바탕으로 스태프들의 기술교육을 진행하고 있으며, CS 교육 또한 매월 1회 외부강사를 초빙해 진행하고 있다. 또한 드라마와 영화 등을 통해 최신 헤어 트렌드의 흐름을 읽는 교육도 함께 진행하고 있다.

한편, 김해 지역을 행복한 미용도시로 만들고자 노력하고 있는 박준뷰티랩 김해 삼계점은 김해은혜학교, 경남지방경찰청 기동1중대, 투병 중인 환우들에게 매주 봉사활동을 하며 작은 나눔을 실천 중이다.

박준뷰티랩 김해 삼계점의 경쟁력

커트 전체적으로 모발을 가볍게 만드는 스트록 기법은 물론 새로운 트렌드 적용에 빠른 강점을 가지고 있다.

펌 손상모발을 케어할 수 있는 파우더 펌이 고객들에게 사랑받고 있다. 또한 임산부도 시술을 받을 수 있는 저자극 펌도 인기가 높다.

컬러 천연 염색 가루를 이용해 두피 타입에 맞게 천연 염색을 시술해 두피에 자극을 주지 않는 와칸 염색을 추천한다.

두피 · 모발관리 대한두피협회에서 자격증을 취득한 디자이너가 상담과 시술을 진행해 전문성을 높였다. 별도의 두피관리실을 마련해 조용하고 편안한 서비스를 제공한다.

이재철 대표 ●

박준뷰티랩 김해 삼계점, 장유점, 율하점 등 3개 매장을 운영하며 김해박준그룹을 이끌고 있는 이재철 대표는

헤어살롱은 문화 · 휴식 공간 '김해의 명소'로 만들어 갈 것

고객 중심의 서비스를 최우선의 가치로 생각하며, 고품격의 실력을 바탕으로 최상의 서비스 제공을 지향하고 있다.

'행복하게 살자'라는 슬로건 아래 미용 가족들의 행복과 나아가 김해 지역을 행복한 미용도시로 만들기 위해 노력하고 있는 이재철 대표는 "헤어살롱이 단순히 머리만을 바꾸는 공간이 아닌 문화 공간으로 고객들이 최고의 서비스를 받으며 휴식을 취하고 행복한 마음으로 편하게 찾을 수 있는 공간으로 만들고 싶다"고 말했다.

고객 중심의 서비스를 중시하는 이재철 대표는 고객을 가족처럼 대하기 위해 물질적인 투자와 노력을 아끼지 않는다.

이재철 대표는 "서비스는 덤이 아니라 시술 가격에 포함된 부분으로 고객들은 최고의 서비스를 받을 권리가 있다"라며 "형식적인 서비스가 아닌 가치를 부여한 서비스를 제공하고 고객들이 만족을 할 수 있도록 노력하는 것은 김해박준그룹 직원들의 의무"라고 강조했다.

헤어살롱을 문화의 공간으로 창조하고 싶다는 이재철 대표는 "현재 3개의 가맹점을 향후 10개까지 확장해 김해 지역의 고객들이 헤어살롱이 아닌 문화 공간에서 시술을 받을 수 있는 공간으로 누구나 편안하게 찾고 김해의 명소로 즐길 수 있는 헤어살롱을 만들도록 노력할 것"이라고 포부를 밝혔다.

종로헤어컬렉션

'뷰티에 관한 모든 것' 원스톱 서비스 제공

Manpower

원 장	배명자
점 장	전규남
수석디자이너	이희정, 정금주, 김일후
매 니 저	황선숙

Info

- **영업시간** 오전 9시~오후 10시
- **연 락 처** 055-337-7363
- **주 소** 경남 김해시 서상동 23번지 종로헤어컬렉션
- **찾아가기** 동상동 재래시장 입구

종로헤어컬렉션은 경남 김해의 중심 상권이면서 전통시장이 공존하고, 7~8년 전까지만 해도 서울의 명동과 비교될 만큼 많은 유동인구와 다양한 연령층의 고객들이 찾는 상권인 서상동에 위치해 있다.

탁 트인 통유리를 활용해 시원함과 여유로움을 강조한 인테리어는 넓은 고객 휴식 공간과 작업 공간을 분리해 편안함을 더했다.

22년 동안 종로헤어컬렉션이라는 브랜드로 운영하며 현재 서상동 본점을 비롯해 내동에 2호점과 3호점을 운영하며 김해를 대표하는 헤어살롱으로 자리잡았다.

최고의 기술과 서비스 · 정직한 가격 3호점까지 운영되고 있는 종로헤어컬렉션은 많은 직원들이 이직을 하지 않고 10년에서 15년 이상 장기 근속자가 많다는 점이 큰 특징이다.

배명자 원장은 "일하는 직원들을 나의 또 다른 자식이라고 생각한다. 항상 믿고 따라주는 직원들에게 고마움을 느낀다"면서 "상하관계가 아닌 수평적인 의사소통을 통해 형성된 가족과 같은 분위기가 종로헤어컬렉션의 강점이다. 직원들의 장점을 보기 위해 노력하고

단점을 보완해 주는 데 노력하고 있다”고 설명했다.

800여 헤어살롱이 경쟁을 펼치고 있는 김해시에서 종로헤어컬렉션은 고향과 같은 포근한 헤어살롱으로 유명하다. 배명자 원장은 “33년 동안 미용을 하면서 항상 고객에게 최선을 다하며 편안하게 서비스를 받을 수 있도록 따뜻한 마음으로 다가갔다”며 “고객이 헤어살롱을 방문해 행복한 마음을 안고 돌아갈 수 있도록 스태프부터 디자이너들 모두 최선을 다하고 있다”고 말했다. 특히 한 번이라도 방문한 고객이면 차트를 보관해 재방문 시 별도로 마련된 상담실에서 차트를 바탕으로 두피진단기를 사용해 전문적인 상담을 진행하며 고객의 신뢰도를 높였다.

여기에 최고의 기술력으로 집에서도 간단히 스타일을 완성할 수 있도록 시술하고 있어 고객의 만족도를 극대화했다.

헤어, 메이크업, 네일, 헤어클리닉 등 뷰티에 관한 모든 것을 원스톱으로 서비스받을 수 있는 미용 백화점 콘셉트로 고객들의 사랑을 받고 있는 종로헤어컬렉션의 깨지지 않는 철칙은 바로 노 세일이다.

배명자 원장은 “미용은 공장에서 찍어내는 공산품이 아닌 고객 개인의 특성에 맞게 스타일을 완성하는 예술작업이라는 마인드로 일해야 한다”고 강조하며 “최고의 기술과 서비스를 제공하고 합당한 가격을 받았을 때 고객들의 만족도가 더 높다”고 설명했다.

CS · 인성교육 강화 … 서비스 만족도 높아 최고의 기술과 서비스, 정직한 가격의 전통을 이어가고 있는 종로헤어컬렉션은 교육시스템도 특별하다. 스태프와 디자이너를 단계별로 외부 교육기관에 위탁해 기본 교육을 진행한 이후 자체 개발한 교육프로그램에 따라 6개월에서 1년 동안 기술교육을 진행하고 있다.

배명자 원장은 “매번 김해에서 서울로 올라가 교육받기에는 무리가 있기 때문에 자체 교육 프로그램을 개발해 기술교육을 진행하며 서울에서 외부 강사를 주 1회 초빙해 트렌드 교육을 하고 있다”며 “디자이너들의 연차에 따라 해외연수를 지원하는 등 최고의 기술력을 유지하기 위해 교육투자를 아끼지 않는다”고 밝혔다.

여기에 기본에 충실하며 작은 것 하나에도 소홀함이 없도록 CS 및 인성교육도 병행해 ‘서비스=종로헤어컬렉션’이라는 공식이 만들어졌다.

종로헤어컬렉션의 경쟁력

커트 최신의 트렌드를 도입해 고객들에게 빠르게 시술한다.
펌 극손상된 머리결을 펌을 통해 건강한 머리결로 만드는 노하우가 강점이다. 창포 등 친환경 펌제를 사용한 펌이 인기를 모으고 있다.
컬러 로레알과 웰라의 제품을 베이스로, 일본의 팔보아 제품을 사용한다. 또한 친환경 염모제를 시술해 자연과 인체 모두를 생각했다.
두피 · 모발관리 두피관리기를 통해 정확한 진단으로 건강한 모발 유지에 중점을 둔다.

배명자 원장 •

아름다움을 창조했을 때의 고객과 디자이너의 행복한 마음은 미용의 가치이자 미용인들의 보람이라고 말하는 배명자 원장에게 미용은 ‘아름다움을 창조하는 하나의 예술’이다.

미용은 종합예술 … 모든 부문 잘해야
미용 잠재력 무한 … 자부심 갖고 노력

배명자 원장은 “미용은 종합예술과 같아 커트, 펌, 업스타일, 컬러 등 모든 부문이 연관됐기 때문에 모든 부문에서 경쟁력을 갖춰야 한다”며 “직원들이 전문가로서 안목을 키울 수 있도록 교육하고 그동안 쌓아온 노하우 전수에 노력하고 있다”고 말했다.

특히 기술을 가진 디자이너들은 고객보다 앞서서 고객의 스타일을 창조할 수 있어야 한다고 강조하는 배명자 원장은 “앞으로 10년 앞을 바라보고 공부하고 노력해야 고객을 만족시킬 수 있다”며 “미용인 스로가 예술작업이라는 자부심을 가지고 자기 개발에 노력해야 한다”고 강조했다.

배명자 원장의 첫째 딸은 임용고시에 합격해 미용예술고등학교 교사로 재직하고 있으며, 셋째 딸은 미용고등학교에 진학해 대를 이어 미용 인생을 이어가는 미용 가족이다.

배명자 원장은 “내 자식에게 미용의 길을 걷게 하는 것은 미용에 대한 자부심과 비전이 있기 때문”이라며 “앞으로 아름다움과 건강이 최고의 가치가 될 시대가 올 것이기 때문에 미용의 발전 잠재력은 무궁무진하다”고 설명했다.

미용에 대한 남다른 열정과 확고한 신념으로 33년 동안 미용인생을 살아온 배명자 원장은 후배들이 미용을 즐길 수 있도록, 행복한 미용인이 될 수 있도록 토대를 만드는 것이 목표이다.

배명자 원장은 “사람들에게 행복과 아름다움을 동시에 줄 수 있는 직업이 바로 미용”이라며 “미용이란 직업이 모든 사람들에게 존경받는 직업으로 후배들이 보다 좋은 환경에서 일할 수 있도록 남은 미용 인생을 희생하고 봉사할 것”이라고 포부를 밝혔다.

이경은헤어팜

 이복자 원장

후학 양성 · 독창적 헤어디자인 개발에 전력

제주시 이도1동에 둥지를 튼 이경은헤어팜은 이복자 원장이 40년 가까이 살롱을 운영해 와 제주도를 대표하는 헤어살롱으로 사랑받고 있다.

한때 17명의 디자이너와 함께 대형 헤어살롱으로 운영할 당시엔 웨딩토털 미용실로 유명했다. 이어 노형동으로 옮겨서도 입소문을 타면서 손님이 줄을 이었다고 한다. 그러다 다시 제주시민회관 인근으로 돌아와 현재는 100% 예약제로 이복자 원장이 직접 시술을 진행하며 후학 양성에 매진하고 있다.

100% 예약제 · 직접 시술 1974년 미용사자격증을 취득한 이복자 원장은 제주도에서 최고의 헤어디자이너가 목표였지만, 창의적인 미용기술을 배우고 기술력 향상을 위해 각종 미용대회에 참가하며 자신의 목표가 우물 안의 개구리였음을 깨달았다고 한다.

1990년 IBS 한국선수 선발대회에 참가해 금상을 수상하는 것을 시작으로 세계대회를 목표로 외국인 트레이너들에게 교육을 받은 뒤 프랑스, 네덜란드, 오스트리아 등 각종 세계 대회에서 입상하는 쾌거를 거뒀다. 세계 65개국이 참가한 '1998년 헤어월드챔피언십'에 한국대표로 참가해 단체 5위와 개인 8위에 입상했다.

지난 2000년 대만에서의 뉴헤어트렌드 발표와 세미나에 이어 한국미용장협의회의 미용기능장 운영업소로도 지정을 받았다. 이어 2004년 이태리 C.A.T세계미용경기대회 그랑프리 수상, 2005년 한국미용장회 주최 헤어작품전시회 특선 등 화려한 경력을 쌓아 왔다.

이복지 원장은 "제주도 최고의 디자이너가 목표였지만 각종 세계대회에 참가하며 더 큰 꿈을 꿀 수 있었다"며 "후배 미용인들도 현재에 안주하지 말고 한 단계 더 높은 목표와 꿈을 위해 한 우물을 꾸준히 파야 성공할 수 있다"고 강조했다.

40여년 미용 외길을 걷고 있는 이복자 원장의 미용에 대한 열정은 이제 후학 양성에 모든 것을 쏟아 붙는 것이다.

"모든 기술 · 노하우, 후배에 전수할 것" 미용의 학문적인 연구를 위해 숙명여대에서 최고경영자 과정을 수료한 후 2001년부터 숙명여자대학교 경영대학원 초빙교수로 본격적인 후학 양성에 나서며 2004년에는 용인대학교에서 1호 미용학 석사를 취득했다. 현재 제주한라대학교 뷰티아트과 겸임교수로 활동하고 있다.

특히 동부보건대학교 전임교수로 활동하고 있는 큰딸 문채원 양과 함께 2007년 발간한 '업스타일 바이 스텝'은 미용인들이 쉽게 배울 수 있도록 풀어서 쓴 책으로 현재 미용을 공부하는 학생들의 교재로 인기를 끌고 있다.

이복자 원장은 "처음 세계무대에 도전하기 위해 공부를 하며 이끌어주는 선배가 없어 어려움이 많았다"며 "모든 것을 스스로 개척해나가는 것이 힘들고 어려웠지만, 그동안 쌓아 온 노하우와 기술이 후배들에게 도움이 된다는 것에 자부심을 느낀다"고 말했다.

이어 이 원장은 "현재까지 배출한 제자들이 전국에서 헤어살롱을 운영하고 또는 강단에서 후학을 양성하며 왕성하게 활동하고 있다"며 "나 역시 후배들이 새로운 미용의 길을 갈 수 있도록 내 모든 기술과 노하우를 전수해 주기 위해 건강이 허락하는 순간까지 가위를 놓지 않을 것"이라고 강조했다.

후진 양성을 위해 학원생 위주로 헤어디자인을 위한 재교육센터를 열고 우리나라에서 뛰어난 미용인들이 많이 배출될 수 있도록 기반을 만드는 데 경험과 기술을 아낌없이 쏟고 싶다는 이복자 원장은 "한길을 꾸준히 가다 보면 성공의 길이 보인다. 끊임없는 노력과 열정을 쏟는다면 성공이란 성취를 맛볼 수 있다. 매일 10분씩만 더

이복자 원장은 헤어월드 세계대회 등의 수상 작품 30여점을 재현해 올해 제주 연 갤러리에서 '柔·雅·流·動(유·아·유·동)' 전시회를 개최해 이목을 끌었다. 이 원장은 "트렌드의 변화를 읽고 배우는 데 도움이 될 것"이라고 전시회의 의의를 설명했다.

노력한다면 성공의 길은 눈앞에 펼쳐질 것"이라고 조언한다고 한다.

전시회 '柔·雅·流·動(유·아·유·동)' 주목받아 독창적인 헤어디자인 개발과 제주의 미(美)를 작품으로 표현하기 위해 혼신의 노력과 열정을 쏟고 있는 이복자 원장은 올해 의미 있는 전시회를 개최했다.

'제주 최고 헤어디자이너' 목표로 시작
각종 세계대회 수상 '화려한 경력' 이뤄

40년 외길 인생 '꺼지지 않는 미용 열정'
대학강의 · 미용도서 발간 · 전시회 개최

최근 10여년간 세계의 헤어스타일 흐름을 엿볼 수 있는 독특한 전시회가 제주 연 갤러리 전시실에서 마련된 것. '柔·雅·流·動(유·아·유·동)' 전시회에는 역대 헤어월드 세계대회와 기능올림픽, 기능경기대회 수상작품들을 직접 재현해 낸 30여개의 작품들이 전시됐다.

'柔·雅·流·動(유·아·유·동)'은 '부드러우면서도 우아하고 물 흐르는 듯한 모양의 움직임'이라는 뜻으로 크리에이티브 스타일의 헤어스타일을 표현한 단어다.

그동안 대학 등 관련 학과의 졸업작품전이나 각종 대회가 끝난 후에 수상작들이 전시된 적은 있었지만, 역대 대회 수상작품들을 다시 재현한 작품들이 한 곳에 전시되는 것은 국내에서는 사실상 이번 전시회가 처음인 셈이다.

이복자 원장은 "1998년 헤어월드 국가대표로 출전하기 위해 트레이너가 없어 직접 프랑스에가서 대회 준비를 하는 등 우리나라 미용은 기술과 트렌드 보급에 취약했었다"며 "이제는 우리나라 선수가 세계대회에 출전에 1, 2등을 다투는 미용 강국으로 성장했다. 그동안 세계대회 수상작들을 한자리에 모아 전시한 것으로도 트렌드의 변화를 읽고 배우는 데 도움이 될 것"이라고 전시회의 개최의 의미를 설명했다.

이어 이 원장은 "더 나이가 들기 전에 후배 양성을 위해 세계 무대에서 펼쳐졌던 미용예술의 작품들을 보여주고 싶었다"면서 "이번 전시를 통해 미용인을 꿈꾸는 학생이나 일반인들의 창조의 힘을 갖기를 바란다"고 덧붙였다.

이복자 원장

- 1974년 　　미용사 자격증 취득
- 1993년 　　IBS 파견 한국선수 선발대회 1위
- 1994년 　　IBS 뉴욕 세계 미용대회 2위
- 1995년 　　대한미용사회중앙회 기술강사
- 1998년 　　'1998 헤어월드 챔피온십 서울대회'
　　　　　　　한국대표 단체 5위, 개인 8위
- 2000년 　　중국 · 대만 2000년도 뉴헤어트렌드 발표 및 세미나
- 2004년 　　용인대학교 경영대학원 미용산업경영학 석사
- 2009년~현재 　제주한라대학교 뷰티아트과 겸임 교수
- 2010년~현재 　대한미용사회 제주특별자치도지회장

Info

- 전　　화　064-753-0003
- 주　　소　제주시 이도 1동 1697-3

이정헤어아카데미

차별화된 서비스·맨파워 … 다양한 고객 사랑받아

Manpower

제주 본점

원　　장　이정림
실　　장　강연주, 임상미, 박지나, 이유지, 송아라

노형 2호점

점　　장　한재중
실　　장　고유진, 오현, 박아영, 이민경

Info

- **영업시간**　오전 9시~오후 9시(100% 예약제, 예약 시 10% 할인)
- **연 락 처**　제주 본점 064-755-6802
　　　　　　　노형 2호점 064-747-6802
- **주　　소**　제주 본점 : 제주시 이도 1동 1360-1 2층
　　　　　　　노형 2호점 : 제주시 노형동 2576-7번지

이정헤어아카데미 제주 본점과 노형 2호점은 각각 구제주와 신제주를 대표하는 상권에 위치했다.

구제주 '제주본점'·신제주 '노형2호점' 성업 제주 본점의 경우 신제주 개발 이전의 제주를 대표하는 상권으로 현재도 2030세대의 학생과 직장인들이 찾는 패션과 문화의 중심지이며, 노형 2호점이 위치한 신제주 상권은 신도시 개발과 함께 대단위 아파트 단지가 형성돼 30대부터 50대까지 여성고객과 가족 단위 고객이 주 고객층을 이루고 있다.

인테리어 또한 주 고객층의 성향을 반영해 제주 본점은 블랙&화이트를 기본 콘셉트로 모던하고 심플한 분위기로 꾸며졌으며, 노형 2호점은 웜톤의 분위기에 테라스를 만들어 고급스러움을 더했다.

이정림 원장은 이정헤어아카데미 제주 본점의 오픈과 함께 버스광고, 전단지 배포 등 다양한 마케팅과 홍보 전략을 활용해 인지도를 높이는 한편 타 헤어살롱에서 취약했던 고객 서비스 부문을 강화해 차별화에 나섰다.

이정림 원장은 "제주도 상권은 외지 사람이 와서 사업을 하기 어려운 지역적인 특성이 있기 때문에 제주 본점을 오픈하며 홍보와 차별화를 위해 노력을 했다”며 “당시 주변 헤어살롱의 경우 음료 서비스 등 사소한 부문의 고객 서비스가 부족해 그러한 서비스까지 세심하게 신경을 써 차별화에 나섰다”고 설명했다.

이정헤어아카데미는 차별화된 서비스에 젊고 유능한 디자이너로 구성된 맨 파워가 시너지 효과를 발휘하며 젊은 세대부터 주부 고객까지 다양한 연령층의 고객들에게 사랑받는 헤어살롱으로 자리잡았다.

이정림 원장은 “이정헤어아카데미는 외부 인력의 유입 없이 내부 교육시스템을 활용해 스태프로 입사해 디자이너로 승급하는 것이 강점”이라며 “연 2회 승급시험을 통해 디자이너로 승급된 직원들은 서울의 외부 교육기관에 위탁해 기술력을 가다듬고 있다”고 말했다.

신기술 · 뉴트렌드 한발 앞서 도입 차별화된 서비스가 강점인 이정헤어아카데미의 CS교육 또한 독특하다. 카네기 강사 자격증을 취득한 이정림 원장이 직접 월 1회 교육을 진행하고 있는 것. 이정림 원장은 “CS 및 인성교육은 단순히 고객 서비스를 위해 진행하는 것이 아니라 직원들이 목표의식을 가지고 열정적으로 활동할 수 있도록 실시하고 있다”고 강조했다.

고객들에게 신기술과 새로운 트렌드 도입에 앞서간다는 평가를 받고 있는 이정헤어아카데미는 고객만족을 넘어 고객감동을 실현할 수 있도록 새로운 스타일을 창조하기 위해 트렌드를 분석하고 연구해 고객의 만족도를 극대화하고 있다.

이정림 원장은 “고객이 헤어살롱에 들어오는 순간부터 마무리할 때까지 모든 직원이 최상의 서비스를 하기 위해 노력한다”며 “특히 시술 전 카운슬링에 많은 시간을 투자하고 있다. 태블릿 PC나 스마트폰을 활용해 스타일을 제안하는 등 항상 한 단계 업그레이드된 고객 서비스를 위해 모든 직원과 함께 고민한다”고 말했다.

원장 · 직원 모두 스스로 공부 차별화된 마케팅과 서비스, 젊고 능력 있는 맨 파워 외에 이정헤어아카데미가 최고의 헤어살롱으로 성장해가는 데에는 또 다른 동력이 있다. 이정림 원장을 비롯해 모든 직원들이 스스로 공부한다는 것.

최근 한류열풍과 함께 제주도를 찾는 외국인 관광객이 증가하며, 헤어살롱을 방문하는 외국인 관광객의 비중이 늘어나자 디자이너는 물론 스태프들도 헤어살롱에서 활용할 수 있는 외국어 공부를 위해 학원을 다니며 외국인 고객 응대에 나서고 있다.

여기에 이정림 원장은 제주대학교 마케팅학 박사과정을 공부하며 미용기술과 경영을 접목해 시너지 창출에 나서고 있다.

이정림 원장은 “올해 외국인 관광객의 헤어살롱 방문이 증가하고 있어 직원들의 외국어 교육에 지원을 많이 하고 있다”며 “특히 중국인 관광객이 급격하게 증가하고 있는 추세여서 중국인 관광객을 대상으로 프로모션을 준비하고 있다”고 말했다.

이정헤어아카데미 제주 본점의 경쟁력

커트 2030 젊은 고객에 맞는 트렌디한 스타일을 빠르게 선보인다.
펌 무코타 제품으로 헤어클리닉을 병행해 손상이 없는 펌을 제안한다. 특히 열펌에 차별화된 경쟁력을 가지고 있다.
컬러 고객 개인의 스타일에 어울리는 깊은 컬러감을 선사한다.

이정림 원장 ●

미용이라는 기술자로 시작해서 헤어살롱을 경영하는 대표가 된 원장들에게 가장 중요한 것은 이익이 나는 합리적인 경영이다. 합리적인 경영은 꼭 수익을 말하는 것은 아니다. 헤어살롱을 구성하고 있는 구성원들과 목표를 향해 함께 가는 것도 물질적인 이익보다 더 큰 이익이 남는 경영일 수 있기 때문이다.

직원 · 고객과 함께 어우러지는 상생경영 추구
3년 내에 최고의 ‘토털 뷰티 타운’ 건설 목표

미용과 경영에서 넘치는 에너지와 긍정의 마인드가 돋보이는 이정림 원장은 돈보다는 사람을 남기는 경영을 목표로 하고 있다.

이정림 원장은 “이정헤어아카데미를 오픈하고 3개월 만에 단 한명의 고객도 헤어살롱을 찾지 않은 날이 있었다”며 “나 혼자 헤어살롱의 성공을 위해 노력하는 것도 중요하지만 무엇보다 헤어살롱이 성장하기 위해서는 직원과 고객이 함께 어우러져야 한다는 것을 깨달았고 돈을 쫓기보다는 사람을 남기는 경영에 최선을 다하고 있다”고 말했다.

미용기술이 상향평준화된 시장 상황에서 고객과의 관계, 직원과의 관계가 헤어살롱을 구성하는 모든 구성원들이 만족할 수 있는 경영을 해야 성공할 수 있다는 것이다. 이 원장은 “직원들과 함께 호흡하며 비전과 목표를 공유해 같은 곳을 향해 함께 가고 있다”고 ‘내가 아닌 우리’를 강조한다.

이어 이 원장은 “3년 안에 헤어, 스파, 네일, 메이크업까지 아우르는 제주도 최고의 토털 뷰티 타운을 건설하는 것이 목표”라며 “미용은 마라톤과 같은 긴 레이스이다. 목표를 길게 잡고 현재를 즐기며 토털 뷰티 타운 건설을 위해 직원들과 함께 노력할 것”이라고 강조했다.

올해 50주년 … 한국 미용의 뿌리 같은 존재

꼭 반세기가 되는 마샬의 역사는 한국 미용의 역사와 궤를 같이한다고 해도 과언이 아니다.

고급 뷰티 살롱의 대명사 마샬은 1962년 명동점을 오픈한 이후 메이크업과 스킨케어, 네일케어 등을 포함한 토털 뷰티 살롱의 개념을 국내에 도입했다.

지난 반세기 동안 마샬은 한국의 미용과 패션의 중심지 명동에서 고급 뷰티 살롱의 아이콘으로 성장하며 수많은 미용인을 배출해 국내 미용산업의 근간으로 자리매김했다.

마샬은 50년간 축적된 노하우와 훌륭한 인재 양성 프로그램을 통해 다가오는 미래를 준비하고 있다. 급변하는 시대에 발맞추어 일류를 넘어 초일류가 되기 위한 준비를 진행하고 있는 것이다.

마샬은 사랑과 행복을 전하는 기업으로 신뢰가 공존하는 의미 있는 기업으로서 미용산업을 이끌어가는 기준이 되고자 노력하고 있다.

전통 있는 고급 뷰티 살롱 마샬은 '마샬 뷰티살롱', 프리미엄 뷰티 살롱 '살롱 드 마샬', 신세대를 겨냥한 감각적인 브랜드 '보뜨 마샬'을 운영하고 있다.

마샬 뷰티살롱

1962년 명동점 오픈 … 고급 뷰티살롱 대명사

마샬 뷰티살롱은 전통미와 현대미, 세련미와 노련미가 공존하며 신선함과 완성도 높은 헤어 서비스를 콘셉트로 1962년 명동점 오픈을 시작으로 현재 9개 이상의 직영점이 운영되고 있는 역사와 전통이 있는 뿌리 깊은 헤어 살롱이다.

마샬 뷰티살롱은 이처럼 긴 브랜드 역사만큼이나 많은 마샬 마니아들이 있다.

미스코리아 진(眞) 15명을 포함해 120여 명의 미스코리아를 배출했을 뿐 아니라 미스 유니버시티대회를 지원하는 등 아름다움의 전당으로서 높은 명성을 쌓았다.

그뿐 아니라 이제는 국내 유명 헤어살롱의 CEO가 된 인물들을 비롯해 허다한 인재들을 키워낸 미용사관학교로도 유명하다.

고객의 건강과 아름다움을 동시에 추구하는 마샬 뷰티 살롱은 엄선된 자연 친화 제품을 사용하는 것은 물론 유럽 미용단체와의 긴밀하고 빠른 교류를 통해 유행 트렌드를 보다 빨리 창조해 고객의 감각을 한층 더 업그레이드시킨다.

고객 중심의 특별한 서비스를 제공하는 마샬은 고객 한 사람, 한 사람의 취향과 특징에 맞춰 장점은 최대한 부각시키고 단점은 커버하는 연출 노하우로 모든 고객 각각에게 '나만의 스타일'을 완성시켜준다.

살롱 드 마샬

품격 서비스 · 편한 분위기 프리미엄 브랜드

2009년도에 선보인 프리미엄 브랜드인 살롱 드 마샬은 고급 뷰티 살롱으로 이미지를 한층 더 강화했다.

고객에 대한 사랑과 정성을 아름다움과 건강으로 표현하는 마샬의 철학은 다른 브랜드에서는 보기 어려운 매력이다. 특히 고객을 향한 집중과 품격 높은 서비스는 고객감동을 넘어 고객충격으로까지 받아들여지고 있다.

살롱 드 마샬 매장은 330m²(100평) 이상의 대형 헤어 살롱으로 고풍스럽고 편안한 분위기의 인테리어로 구성됐으며, 고객이 시술받기에 최대한 좋은 환경이 될 수 있도록 운영을 하고 있다.

보뜨 마샬

젊은 고객 위한 브랜드 … 프레시한 고품격 서비스

보뜨 마샬은 젊은 고객을 위한 살롱이다. 2001년 이대 보뜨 마샬을 시작으로 경남 양산시 웅산점, 경기도 안산시 안산점 등 현재 3개 지점이 대학가와 젊은 고객들이 찾는 번화가를 중심으로 운영되고 있다.

젊은 고객을 위한 헤어살롱인 만큼 보뜨 마샬은 인테리어 콘셉트 역시 프레시하며 젊은 세대의 감각에 맞게 구성됐다.

디자이너와 스태프의 교육시스템은 살롱 드 마샬과 통합적으로 운영돼 고품격의 서비스를 제공한다.

차별화된 인재 양성 프로그램이 저력

한국 미용의 역사와 반세기를 함께한 마샬의 경쟁력은 차별화된 인재 양성 프로그램에서 찾을 수 있다. 미용은

토털 뷰티 살롱 도입 · 정착에 기여
미인대회 도맡아 지원한 美의 전당

뷰티 인재 양성한 '미용사관학교'
해외 신트렌드 · 기술 도입 · 보급

사람을 아름답게 만드는 서비스 직종이기 때문에 기술교육은 물론이고 고객을 감동시킬 수 있는 서비스와 인성 등의 교육을 커리큘럼에 따라 진행하고 있다. 사람 즉, 인재의 양성이 곧 기업의 경쟁력이라는 이념 아래 우수한 인재를 배출할 수 있는 교육 프로그램을 갖추고 있는 것이다.

마샬은 매년 3회 이상 프랑스, 영국, 이탈리아 등에서 유명 강사를 초빙해 기술교육을 진행하고 있다. 아울러 우수 디자이너의 해외 연수시스템을 통해 최신 트렌드를 보다 빠르게 보급하고 있다.

또한 프랑스미용협회, 비달사순, 토니앤가이 등과의 교류를 통해 선진 헤어스타일 및 트렌드 교육도 병행해 경쟁력을 높이고 있다.

디자이너, 스태프 등 각 직급에 맞는 교육을 연간 계획에 따라 진행하고 있다.

모델 작업을 통한 실질적인 교육, 1일 종일 교육, 실전 활용 교육, 살롱 밀착 교육 등 다양하고 과학적이며 체계적인 교육을 진행하면서 미용 인재 양성에 전력을 기울이고 있다.

www.marshall.co.kr

박준뷰티랩

소비자 선호 1위 … '경쟁력 있는 미용 브랜드'

1995년 국내 최초 미용 프랜차이즈 박준미장을 시작해 같은 해 (주)피앤제이 법인 설립, 1998년 박준뷰티아카데미 개원에 이어 2002년 박준미장에서 박준뷰티랩으로 CI를 교체하는 과정을 거치며 성장해 온 박준뷰티랩은 대한민국 최정상급 헤어디자이너 박준 프로의 뷰티철학, 미용테크닉과 경영 노하우가 고스란히 담긴 미용 프랜차이즈이다.

대한민국 미용에 '브랜드'의 개념을 처음으로 정립하고 소비자들에게 인식시킨 박준뷰티랩은 대표인 박준 프로의 열정적인 활동과 더불어 '한국적인 것이 세계적인 것'일 수 있음을 입증한 대한민국 미용의 자존심이기도 하다.

뷰티 문화 통해 인간의 행복 추구

미용이 상업공간만이 아닌 하나의 문화공간으로서의 역할을 다할 수 있도록 미용실의 공간과 서비스 시스템을 갖춘 것은 물론이고 이러한 모든 것이 가장 효율적으로 고객이 원하는 방향으로 제공될 수 있도록 첨단의 경영시스템을 갖추고 있다.

이런 노력들은 자타가 공인하는 가장 '경쟁력 있는 미용 브랜드'로 부동의 소비자 선호 1위의 인지도로 검증되었으며 현재 국내외에 160여 개의 프랜차이즈를 두고

미용 인재 양성 · 용품 개발에도 힘써

박준뷰티랩은 미용계 발전의 선구자로서 브랜드 파워 소비자 선호 1위에 빛나는 헤어 살롱뿐 아니라 국내 최고의 뷰티 인재 양성 교육기관인 '박준뷰티아카데미'를 운영, 개인별 능력에 맞는 맞춤 교육을 통해 우수한 실력을 갖춘 디자이너 및 네일 아티스트를 양성하고 있다.

현장에서의 풍부한 경험과 노하우를 가진 최고 강사진의 열정과 짜임새 있는 커리큘럼으로 수강생들에게 전문지식을 배양한다. 끝없는 연구와 발전을 통해 굴지의 미용기술을 보유한 강사진들은 수강생 개인별 능력에 따른 맞춤 교육을 진행함으로써, 박준뷰티아카데미 수료와 동시에 현장 투입이 가능한 전문 디자이너 양성에 힘쓰고 있다.

▲박준뷰티랩은 미용이 상업공간만이 아닌 문화공간으로서의 역할을 다할 수 있도록 미용실의 공간과 서비스 시스템을 갖추었을 뿐 아니라 이러한 모든 것이 가장 효율적으로 고객이 원하는 방향으로 제공될 수 있도록 첨단 경영시스템을 갖추고 있다.(사진은 청담 본점)

또한 미용용품 업체 '박준스'를 통해 우수한 품질의 미용용품을 선보이며 많은 이들의 아름다움 창조에 앞장서고 있다. 박준스는 치밀한 연구와 박준 프로의 오랜 현장 경험에서 빚어진 노하우를 바탕으로, 소비자의 니즈를 충족시키는 제품만을 개발한다.

www.parkjun.com

국내외에 160여개 프랜차이즈 보유 각종 시상 1위 차지 … 우수성 입증
'박준뷰티아카데미'에서 인재 양성 '박준스' 통해 고품질 용품도 개발

있다.

지속적인 기술 발전과 인재 개발로 뷰티 문화를 통한 인간의 행복을 추구하는 경영 이념 아래 새로운 것을 향한 치열한 연구와 과감한 도전을 멈추지 않는 박준뷰티랩의 노력에는 고객 만족과 고객 감동은 물론 '늘 고객을 섬기겠다는 마음'이 자리한다.

'고객이 기업의 미래다' 라는 신념으로 양질의 기술과 서비스 제공을 위해 지속적으로 인재 개발에 힘쓰며 고객과 임직원과의 신뢰 속에 끊임없는 도전과 개발로 아름다운 생활의 실현과 희망적인 미래를 창조하는 것이 박준뷰티랩의 핵심가치이다.

따라서 급변하는 사회 환경에 적합한 미용 인재 양성에 전력을 기울이고 있다.

또한 시대가 요구하는 뛰어난 감각과 이를 바탕에 둔 최상의 테크닉과 고객을 위한 마케팅 그리고 서비스 구현을 위해 투자를 아끼지 않는다.

연혁

- **1995년** 국내 최초 미용 프랜차이즈 박준미장 오픈
  (주)피앤제이 법인 설립
- **1998년** 박준뷰티아카데미 개원
- **2002년** 박준미장에서 박준뷰티랩으로 CI 교체
- **2004년** 소비자웰빙지수 헤어미용부문 1위
- **2005년** 한국서비스품질지수 뷰티숍부문 1위
- **2008년** 소비자웰빙지수 헤어미용부문 4회 1위
  한국서비스품질지수 뷰티숍부문 4년 연속 1위
- **2011년** 박준뷰티랩 본사 신사옥&청담본점 리노베이션
  한국패션 100년 어워즈 뷰티부문 수상
  매일경제 '100대 프랜차이즈' 선정
- **2012년** 무극헤어숍 오픈(군부대 문화발전을 위한 기부사업)

40년 미용 인생 … 여전히 현장 지키는

박준뷰티랩 대표
박준 프로

국내 미용산업에 '브랜드'의 개념을 처음 정립하고 프랜차이즈사업을 시작하며 시장을 개척한 선도적인 미용그룹 박준뷰티랩이 교육 강화를 통한 가맹점 경쟁력 강화를 추진하고 있다.

국내 최초 미용프랜차이즈를 시작한 박준뷰티랩은 17년 동안 '고객만족', '인재개발', '신뢰경영', '미래창조'를 핵심 가치로 많은 발전을 이뤘지만, 빠르게 변화하는 시장에 대응하며 브랜드의 가치와 경쟁력 제고를 위해 기존 가맹점의 질적 향상이 필요하다고 판단한 것.

끊임없는 도전 · 개발 통해 아름다움 실현

박준뷰티랩은 지속적인 기술 발전과 인재 개발을 통해, 뷰티문화를 통한 인간의 행복을 추구한다는 경영이념 아래 국내 160여 개 가맹점과 미국 뉴욕, 영국 런던 등을 비롯한 해외 15개 도시에서도 지점을 운영하며 대한민국을 대표하는 프랜차이즈로 인정받고 있다.

박준뷰티랩은 양질의 기술과 서비스 제공을 위해 인재 개발에도 노력하고 있다. 국내 최고의 뷰티 인재 양성 교육기관인 '박준뷰티아카데미'를 운영, 개인별 능력에 맞는 맞춤 교육을 통해 우수한 디자이너 및 네일 아티스트를 양성하고 있다.

또한 미용용품 업체 '박준스'를 통해 우수한 품질의 미용용품을 선보이며 많은 이들의 아름다움 창조에 앞장서고 있다.

박준 프로는 "'고객이 기업의 미래다'라는 신념을 바탕으로 고객과 함께하는, 고객이 인정하는 박준뷰티랩이 되는 것이 목표이자 사명"이라며 "현실에 안주하지 않고 끊임없는 도전과 개발을 통해 아름다운 생활을 실현하고 미용업계 발전에 헌신할 수 있도록 노력하고 있다"고 말했다.

가장 '경쟁력 있는 미용브랜드' 로 부동의 소비자 선호도 1위의 인지도를 유지하고 있는 박준뷰티랩의 박준 프로는 지난해 6월부터 올해 8월까지 전국 가맹점을 순회하고 살롱의 업그레이드를 위해 변화를 모색하고 있다.

박준 프로는 "지난해 6월부터 전국의 가맹점을 순회하며 올해 8월 경남 지역을 끝으로 전국 가맹점의 경영 상태와 문제점을 살피고 본사에서 지원해야 할 부분에 대한 파악을 마무리했다"고 밝혔다.

박준 프로는 이번 전국 가맹점 순회를 통해 '박준뷰티랩이 하나가 되어야 한다' 는 점을 강조하며 살롱의 외벽에서부터 내부 인테리어 세팅은 물론 교육과 시스템, 스태프들의 유니폼, 그리고 물컵까지 자유롭고 감각적인 모습 속에 통일된 박준뷰티랩의 모습을 만들어야 한다고 의지를 나타냈다.

시장변화 대응 … 살롱 업그레이드나서
'박준뷰티랩은 하나가 돼야 한다' 강조
재투자 가맹점, 본사도 적극 지원 방침

온라인 마케팅 자료 준비 … 매장별 마케팅 방안도 제시 이를 위해 박준 프로는 교육 강화를 최우선 사업으로 지목했다. 박준 프로는 "살롱의 질적 업그레이드를 위해서는 무엇보다도 교육이 가장 중요한 포인트"라며 "고객 서비스를 비롯해 마케팅, 트렌드 등 살롱 운영의 모든 부문에서 향상될 수 있도록 교육을 강화하고 있다"고 말했다.

교육을 통해 살롱을 개선하고 보다 좋은 혜택과 서비스를 고객에게 제공한다는 것이다.

박준 프로는 이번 전국 가맹점 순회에서 본사에서 계획하고 있는 것들과 온라인 마케팅에 도움을 줄 수 있는 자료를 준비하여 각 매장별로 마케팅 방안을 제시하며 살롱 업그레이드 지원에 나서고 있다.

또한 인테리어와 간판 등 노화 조짐을 보이는 가맹점 중에서 리모델링 등 재투자에 적극 나서는 가맹점에 대해서는 본사에서도 적극적인 지원에 나설 방침이다.

프리미엄 헤어살롱 구상중 이와 함께 백화점과 신도시, 주요 거점 상권에 박준뷰티랩보다 업그레이드된 프리미엄 헤어살롱을 론칭할 계획이다.

올해로 미용 인생 40년을 맞는 박준 프로. 대한민국을 대표하는 미용 프랜차이즈의 경영자로 박준 프로는 회장이란 직함을 과감히 버리고 프로라는 직함으로 돌아왔다. 아직 미용 현장에서 해야 할 일들이 많고, 또 현장에 있는 것이 좋기 때문에 여전히 미용 현장을 고집하고 있다는 것이다.

2012년 들어서 병영문화 개선을 위해 박준 프로는 획기적인 지원사격에 나서고 있다. 2월24일 육군 9715부대에 '무극헤어숍' 을 오픈한 데 이어 6월11일에는 '박준뷰티랩' 이라는 브랜드 네임을 그대로 걸고 육군 73사단 부대와 공군 19전투비행단 내에 살롱을 오픈한 것.

군부대에 헤어살롱 오픈 박준 프로는 "14년 전부터 군부대 이발 교육과 봉사 등으로 군대문화 변화를 위해 오랜 시간 준비를 했다"며 "머리를 너무 빡빡 밀지 말고 조금 남겨서 왁스 정도는 바를 수 있게 해주자는 생각이다. 새로운 도전에 대한 즐거움과 성취감이 있으며 앞으로가 더 기대된다"고 말했다.

이어 "전문가의 시술과 2~3㎝ 길어진 머리카락이 군인들의 사기와 자존감을 높인다는 것에 의의가 있다"며 "또한 일자리 창출을 위해 기존에 진행해 오던 부사관 배우자의 미용 교육 또한 지속되어 좋은 평가를 받고 있다"고 설명했다.

여성들이 대부분을 차지했던 미용계에 20대 초반의 청년이 도전장을 던지며 40년 세월이 흘러 그는 이제 '미용계의 대통령' 이라고 불릴 만큼 성공한 자리에 섰다. 하지만 아직도 미용 현장을 사랑하며 '살아 있는 정신' 을 강조하는 박준 프로.

그의 열정과 도전 정신은 박준뷰티랩을 대한민국을 대표하는 헤어살롱을 넘어 세계적인 헤어살롱으로 성장시키기 위해 오늘도 달리고 있다.

박준 프로 ●

1972년 미용계에 입문해 1981년 박준미용타운을 오픈했다.
1982년 한국남성미용연구회 회장을 역임했다.
1995년 (주)피엔제이 법인을 설립하고 박준미장 상계점을 첫 프랜차이즈점으로 오픈했다.
2002년 박준미장에서 박준뷰티랩으로 CI를 교체했으며, 현재 국내외에 160여 개 가맹점을 운영하고 있다.
숙명여대 경영대학원 초빙교수, 원광대 생활과학대학 뷰티디자인학부 정교수 취임, 중앙대 교수임용 위촉, 숙명여대 미용산업 최고경영자 교수임용 등 교육 활동을 했으며, 보건복지부 산하 뷰티경쟁력 강화위원, 국제뷰티서비스협의회 초대 회장을 역임하는 등 대외활동을 보였다.
최근 군부대 헤어 살롱 오픈이 이슈가 되면서 국군방송 출연은 물론 MBC 라디오 '손석희의 시선집중'에 생방송으로 출연하면서 세간의 이목을 집중시킨 바 있다.
또 30여 개가 넘는 학교와의 산학협력으로 많은 인재 발굴과 일자리 창출의 길을 넓히고 있으며, 다양한 미디어와 인프라를 통해 뷰티산업 발전에 힘쓰고 있다.
〈저서〉 '귀까지 잘라서 죄송합니다' 'The Art Of Hair' '나의 선택, 나의 길' '프로로 가는 길' '미용인력의 효율적인 양성 및 관리 시스템에 관한 연구(서울대학교)'.

유럽 정통 헤어기술로 살롱 수익 극대화

뷰쎄는 프랑크프로보 프랑스 본사의 성공 노하우를 바탕으로 국내 시장 현황에 맞춘 체계화된 시스템을 적용해 '제오헤어(www.xeohair.com)'와 '프랑크프로보(www.franckprovost.co.kr)'를 운영하는 체인사업본부이다.

1995년 국내 론칭한 프랑크프로보는 1975년 프랑스 생제르맹어리에 1호점을 개장한 이래 프랑스를 대표하는 살롱 브랜드로 자리매김하며, 현재 80개국에 700여개 살롱과 5000여명의 직원을 보유한 세계 정상의 글로벌 브랜드로 도약했다.

제오헤어 38점
프랑크프로보 12점

2030세대 선호
고객 유입 걱정없어

1990년 압구정동에 오픈한 제오헤어는 2002년 법인으로 전환하고 프랑크프로보의 선진화된 시스템을 도입해 프랜차이즈사업을 시작했다. 프랑크프로보와 비교해서 보증금 및 로열티가 저렴한 것이 특징이다. 하지만 프랑크프로보와 동일한 시스템으로 교육 및 지원을 받을 수 있다.

프랑크프로보와 제오헤어는 이미 포화 상태인 타 브랜드에 비해 상권 확보가 쉽고, 주 고객층인 20~30대 연령층이 선호하고 있어 고객 유입에 대한 걱정이 없기 때문에 프랜차이즈 헤어살롱을 운영하길 원하는 원장들에게 인기가 높다.

뷰쎄는 2012년 5월 말 현재 프랑크프로보 12개, 제오헤어 38개 등 총 50개의 가맹점을 운영하고 있다.

철저한 데이터마케팅 · 사후관리 지원

뷰쎄는 상권 분석 전문가를 두어 주변 상권 분석 및 선정 지역 내 경쟁 점포 분석까지 체계적인 데이터 베이스를 가맹점주에게 제공한다. 또한 그 주변 상권을 분석한 데이터를 기반으로 맞춤 홍보 · 마케팅을 진행하며, 살롱 운영 시스템부터 기본 커트 교육, 트렌드 교육을 비롯하여 CS 교육까지 체계적인 교육을 병행한다.

살롱 모니터링 프로그램을 통해 매월 정기적인 모니터링 보고서를 작성해 살롱의 서비스 수준과 강점, 약점을 객관적으로 데이터화해 제공한다. 이러한 사후 관리 시스템은 타 브랜드와의 차별성으로 대두되고 있다.

우수한 교육 · 인력관리시스템 … 가맹점주에 도움

또한 뷰쎄만의 경쟁력은 체계적인 시스템을 가진 아카데미와 철저한 인재 관리에 있다.

뷰쎄아카데미가 추구하는 것은 시술 후 고객의 셀프 스타일링이 가능하게 하는 것이다. 아울러 기본과 기초가 튼튼하게 하는 직무교육과 프랑스 최신 트렌드 교육을 정기적으로 실시해 유행의 선두에 자리할 수 있도록 교육하고 있다.

기술교육은 매장에서 즉각 활용 가능한 내용을 중심으로 이론과 실기를 조화롭게 병행해 진행하고 있다.

스태프 교육은 총 4단계로 나누어져 있으며, 정기 승급 시험을 통해 개인의 역량을 높일 수 있도록 동기를 부여한다. 연 2회의 트렌드 교육을 통해 디자이너들의 기술을 업데이트할 수 있다.

또한 뷰쎄에서 진행하는 연말 대회와 페스티벌을 통해 전 지점 디자이너들의 자연스러운 경쟁도 이끌어 내고 있으며 페스티벌의 수상자에게는 해외연수 및 상금이 부여된다.

유학을 고민하거나 외국인 손님이 많은 지역의 경우 소통에 대한 불편함이 없도록 미용영어 수업도 개설했다.

이러한 시스템을 뒷받침해줄 강사진은 프랑스 본사에

▲프랑크프로보와 제오헤어는 '자연의 소박한 아름다움에 대한 재구성'이라는 콘셉트로 '에코 인테리어'를 적용했다(좌측 제오헤어, 우측 프랑크프로보).

서 전문 교육을 수료했고 연 2회 프랑스 본사의 트렌드 교육 후 국내 교육을 진행한다.

뷰쎄는 아카데미 수료생은 물론 외부 유입 인재까지 맞춤 교육을 진행해 우수 인재로 키우고 있다. 인력 관리 시스템에 경쟁력을 갖춘 뷰쎄는 다양한 미용학교와 연계하고 있으며, 매장 오픈 시 80~100%까지 디자이너와 스태프를 소개해 가맹점주들의 부담을 줄여주고 있다.

에코 인테리어 돋보여

프랑크프로보와 제오헤어는 '자연의 소박한 아름다움에 대한 재구성'이라는 콘셉트로 '에코 인테리어'가 적용됐다.

이미 사용되었다가 철거된 붉은 벽돌, 100년 가까이 사용되었다가 수명을 다한 티크목의 고급 가구와 창호들, 사유림에서 벌목된 통나무 등 남녀노소 누구에게나 이미 인지되었던 사물을 주제로 재구성하여 친근하고 거부감 없는 소품들로 헤어살롱을 채웠다.

문을 여는 순간 화려하고 커다란 샹들리에와 탁 트인 원룸 형태의 공간 구조가 맞이한다. 실내의 모든 조명은 간접조명을 선택하여 빛을 부드럽게 연출했다.

개별화된 구조가 아닌 원룸 형태의 탁 트인 공간 구조로 답답함을 해소했으며, 시술 공간을 조금 줄이고 고객의 공간, 고객과 소통할 수 있는 공간을 만들어 미용실의 느낌보다는 편안하고 친숙한 카페 같은 이미지를 부여했다.

살롱의 바닥은 타일이 아닌 목재를 사용해 하루 종일 서서 일하는 디자이너의 건강뿐 아니라 하이힐에 노출되어 있는 여성을 배려했다.

샴푸실과 두피스파실은 오래된 티크목 유리 창호를 사용하여 작업 공간과 분리함으로써 자연 친화적인 분위기를 극대화하며 개인만의 공간을 제공했다.

문의 02-541-4547

신용진 대표 ●

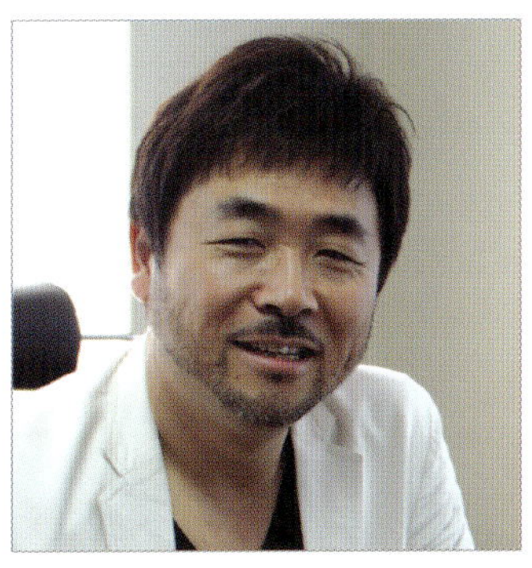

프랑크프로보와 제오헤어 두 개의 프랜차이즈를 운영하는 뷰쎄 신용진 대표의 목표는 확고하다.

기본에 충실한 국내 최고 헤어살롱 목표
후발 주자지만 브랜드 아이덴티티 확고

기본에 충실한 살롱을 만드는 것과 국내 최고의 헤어살롱을 만드는 것.

신용진 대표가 말하는 기본이란 바로 기술을 의미한다. 신용진 대표는 "최근 헤어살롱은 유행에 너무 민감하게 반응하는 면이 없지 않다. 특정 제품이나 기술에 집착하는 경향이 있다"고 지적하며 "프랑크프로보와 제오헤어는 바람처럼 스쳐지나가는 유행을 따라가기보다는 유럽 정통 헤어 기술을 기본으로 고객에게 최고의 서비스를 제공하고 있다"고 말했다.

또한 기술을 업그레이드하기 위해 교육에도 초점을 맞추고 있다. 신 대표는 "최근 본사 교육장을 확장해 교육시설을 보강했다"며 "헤어살롱에서 기본이자 핵심인 기술교육은 아무리 강조해도 지나치지 않다"고 강조했다.

가맹점 확장보다는 브랜드 아이덴티티를 확립하고 살롱 경영주의 수익을 증대하기 위한 뷰쎄만의 경영전략 수립에 많은 시간을 투자한 신 대표는 "프랑크프로보와 제오헤어가 론칭한 지 10여년이 지났지만 가맹점 수는 50개에 불과하다"며 "그동안 가맹점의 양적인 확대보다 살롱 수익의 극대화를 위해 노력했기 때문"이라고 설명했다.

이어 그는 "국내에는 많은 프랜차이즈 매장이 경쟁하고 있다. 뷰쎄는 후발주자이지만 확고한 브랜드 아이덴티티가 정립된 만큼 우보천리의 마음으로 국내 최고 헤어살롱의 자리를 향해 나아갈 것"이라고 포부를 밝혔다.

아모스프로페셔널

프로페셔널 뷰티솔루션 제공 '뷰티 크리에이터'

아모스프로페셔널은 '아시안 뷰티'를 담은 프로페셔널 뷰티 솔루션을 제공해 고객의 창조적인 아름다움을 표현하는 프로페셔널 터치를 제안한다. 특히 프로페셔널 터치를 통해 아름다움을 창조하는 프로페셔널의 창조적 작업에 영감을 불어넣어줌으로써 아름다움을 완성해가는 프로페셔널 뷰티 크리에이터이다.

헤어 디자이너를 이해하는 제품 개발

헤어 디자이너를 위한 제품의 필수 요건은 바로 품질력으로, 무엇보다도 우선시 돼야 한다. 아모스프로페셔널은 아모레퍼시픽 기술연구원과의 연구 개발(R&D)을 통해 제품을 선보이면서 최고의 품질만을 만들겠다는 고집을 실현시키고 있다.

아모레퍼시픽 기술연구원은 화장품 연구 분야에서 국내 최대 규모의 최첨단 기자재와 뛰어난 기술력으로 최고 품질의 제품을 개발하고 있는 우수한 연구소로 평가받고 있으며 화장품연구소, 피부과학연구소, 의약연구소로 나뉘어 있다.

이 가운데 아모스프로페셔널의 R&D는 화장품연구소의 헤어케어연구팀을 중심으로 타 연구 부서들과 유기적인 관계를 통해 헤어 디자이너의 니즈를 충족시킬 수 있는 최상의 제품을 개발하기 위해 집중 노력한다. 특히

한국인의 피부 및 모발에 가장 적합한 원료를 사용한 제품을 만들어내고자 최선을 다하고 있다.

이와 함께 오랜 세월에 걸친 아모스프로페셔널의 노하우를 기반으로 한 품평시스템을 통해 제품력을 철저히 검증해 '헤어 디자이너를 이해하는 제품'의 개발에 앞장서고 있다. 헤어 프로페셔널을 위한 제품은 헤어 디자이너들의 손을 통해 탄생돼야 한다는 생각으로 제품 개발에 참여하는 전문가 패널을 운영하고 있는 것이다. 최첨단 기술력의 아모레퍼시픽 기술연구원과 함께하는 아모스프로페셔널의 제품은 헤어 디자이너의 작업 환경을 편리하게 해주는 핵심 요인이 된다.

미용 시장을 이끄는 트렌드 제안

트렌드는 철저하게 정량화된 데이터를 통해 분석하는 과학적인 작업인 동시에 감성적인 작업이기도 하다. 따라서 감성적인 작업을 어떻게 과학적인 방법으로 객관화하고 체계화하는가에 핵심역량이 걸려 있다. 이에 아모스프로페셔널은 감성을 객관화하는 RIA(RESEARCH, INSIGHT, APPLICATION) 프로세스를 통해 미용 시장을 이끄는 트렌드를 개발하고 있다.

RIA 프로세스의 첫 단계는 자료 수집이다. 전문가 FGD, 웹서베이 외 각종 트렌드 전문 기관에서 발표하는 메가 트렌드 경향 중 헤어 트렌드 변화에 영향을 미치게 될 정치, 경제, 사회, 문화, 인테리어, 소비자 라이프스타일, 패션 트렌드 등의 자료를 수집하고 이를 분석 및 맵핑해 키워드를 도출하는 단계를 거친다.

이렇게 도출된 헤어

▲(주)아모레퍼시픽 기술연구원 미지움.

트렌드 키워드를 헤어와의 연관성을 분석해 트렌드 인플루언스의 주요 변화 이슈 파악, 셀렙 스타일 또는 소비자 선호 스타일 변화 경향을 통해 검증한다. 또한 헤어스타일 변화 및 추이 분석을 통해 헤어 트렌드 메인 스트림을 도출하고 미래의 헤어스타일 변화 경향을 예측해 실제 살롱 워크가 가능하도록 구체적 스타일 및 테크닉을 개발한다.

희망가게로 따뜻한 희망을 전해

아모스프로페셔널은 사회적 책임을 넘어 제품의 생산, 판매, 그리고 서비스 제공을 통해 창출한 이윤을 고객들에게 환원한다는 의미로 다양한 사회공헌 활동을 지속하고 있다. 특히 여성의 건강한 아름다움을 위한 활동의 일환으로 2010년부터 아름다운 재단이 운영하는 '희망가게 프로젝트'를 통해 오픈하는 살롱의 창업을 지원하고 있으며, 살롱 운영에 필요한 다양한 교육과 경영 솔루션 등을 제공하는 재능 나눔도 함께 지원하고 있다.

또한 핑크리본 캠페인을 통해 유방암 조기 예방을 위한 '핑크愛 테라피 캠페인'의 기부 활동도 진행하고 있다. 핑크愛 테라피 캠페인은 리페어포스 테라피 세럼이 1개 판매될 때마다 100원이 기부금으로 적립되는 기금 모금 활동이다.

모기업인 아모레퍼시픽과 함께 사회공헌의 일환으로 핑크리본 마라톤, 유방암 검진 행사, 물품 기부, 예비 미용인을 위한 기부 등에 앞장서 온 아모스프로페셔널은 앞으로도 이웃과 사회의 따뜻한 동행자가 되기 위한 나눔의 실천과 함께 미용인과 여성들을 위한 다양한 공헌 활동을 아끼지 않을 것이다.

아모스프로페셔널 베스트 셀러

녹차실감 의약외품 3종
녹차 과학 처방 … 탈모방지 · 양모효과

청정(淸淨) 발효 녹차의 탈모 방지 비법 '녹차실감 의약외품'은 고도의 녹차 과학 처방을 통해 탈모 방지 및 양모 효과를 부여해 두피와 모발의 근본을 강화해주는 탈모 · 두피 관리 제품이다.

아모레퍼시픽만이 가진 고도의 발효 과학 기술을 통

해 1kg의 녹차잎에서 1g만 추출되는 귀한 성분인 캄페롤을 농축한 바이오 캄페롤 성분을 함유해 약해진 모근을 강화한다. 또한 미네랄이 풍부한 두물 녹차는 두피와 모근에 활력을 부여하며, 한방 모근 강화 특허 성분은 두피에 풍부한 영양을 공급해 모발 성장을 촉진하고 모근을 강화해준다.

제품은 샴푸액, 마스크팩, 인텐시브 토닉으로 구성됐다.

리페어포스 테라피 세럼
손상모발 회복 · 복원 … 5無 처방

아모레퍼시픽 독자기술인 제미니 테크놀로지™로 깊고 빠르게 영양을 공급하는 세럼. HH 콤플렉스와 아쿠아줌 성분이 손상된 모발의 엘라스틴 분해를 억제해 모발 탄력을 회복시켜주고 햇빛으로부터 모발 손상을 방지해주는 등 손상 모발의 회복 및 복원을 도와 건강하게 마무리해준다.

네트워크 젤을 통한 실키한 터치감으로 빠르게 흡수돼 무게감 없이 자연스럽게 흐르는 듯한 스타일을 연출해준다.

무색소, 무파라벤, 무벤조페논, 무동물성 원료, 무광물성 오일의 5無 처방 및 피부과 테스트를 완료해 피부에 부담 없이 사용할 수 있다.

컬링에센스&컬링에센스2X
에센스 · 스타일링 효과 … 컬 마무리

전문가가 추천하고 500만명이 선택한 에센스 스타일링 종결자. 이노듀오벡터 테크놀로지™ (In²oduovector Technology)와 아모레퍼시픽의 아쿠아 체인 이펙터에 의해 모발을 부드럽게 가꿔주는 에센스 효과와 스타일링 효과를 동시에 제공하는 컬 마무리 제품이다.

알로에 베라 추출물이 모발 내 수분을 보충해 건강하고 탄력 있는 윤기를 제공한다. 스타일에 따라 보습력이 우수한 컬링에센스, 탄력 있게 컬-업 하는 컬링에센스 2X를 선택해서 사용하면 된다.

www.amoshair.co.kr

Product Line-up

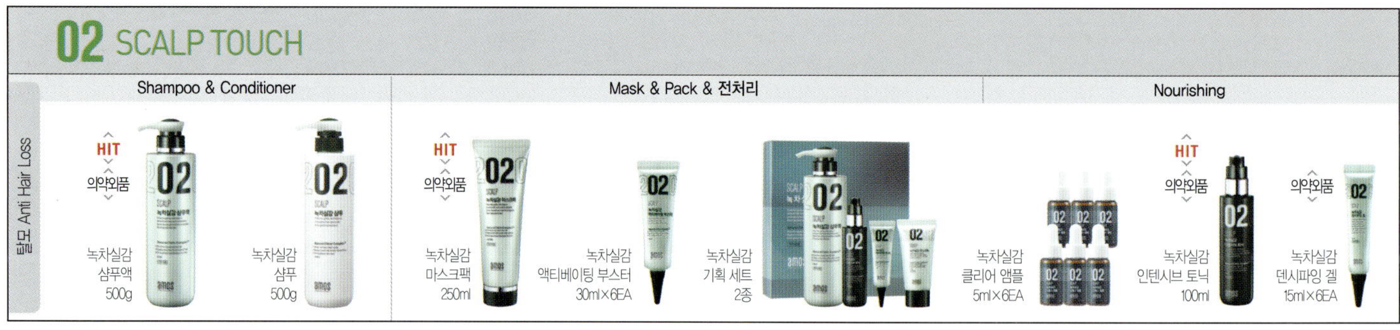

비듬 Dandruff Control
Shampoo & Conditioner
Mask & Pack & 전처리
민감성 Sensirelief
Special
02 SCALP PURE SMART Shampoo
퓨어스마트 샴푸 500g
02 퓨어스마트 엔자임 필링 20ml×6EA
02 SCALP PURE SMART Pack
퓨어스마트 팩 300ml
02 SCALP Sensirelief Shampoo
센시릴리프 샴푸 500g
02 SCALP Fresh Mint Shampoo
프레시 민트 샴푸 500g
02 쿽앤스마트 드라이 샴푸 150ml

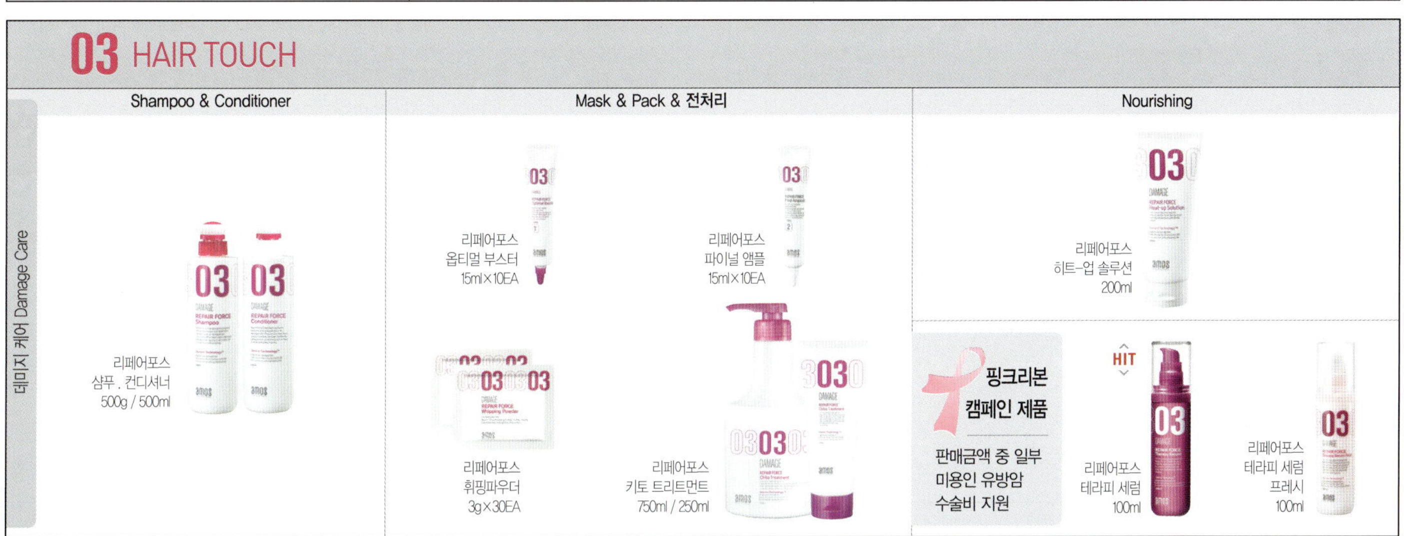
데미지 케어 Damage Care
Shampoo & Conditioner
Mask & Pack & 전처리
Nourishing
03 DAMAGE REPAIR FORCE Shampoo
03 DAMAGE REPAIR FORCE Conditioner
리페어포스 샴푸 . 컨디셔너 500g / 500ml
리페어포스 옵티멀 부스터 15ml×10EA
리페어포스 휘핑파우더 3g×30EA
리페어포스 파이널 앰플 15ml×10EA
리페어포스 키토 트리트먼트 750ml / 250ml
03 DAMAGE REPAIR FORCE Heat up Solution
리페어포스 히트-업 솔루션 200ml
핑크리본 캠페인 제품
판매금액 중 일부 미용인 유방암 수술비 지원
HIT
리페어포스 테라피 세럼 100ml
리페어포스 테라피 세럼 프레시 100ml

왁스
에어라이트 왁스 90ml
하이드라 글로스 왁스 90ml
메가 홀드 왁스 90ml
플렉스 이지왁스 90ml
픽스-업 미스트 왁스 100ml
매트 파워 왁스 110ml
스프레이
슈퍼하드 스프레이 300ml
디자이닝 스프레이 420ml
샤인 폴리셔 200ml
헤어 스프리츠 250ml
볼륨 프라이머 200ml
젤
헤어 젤 345ml
웨이브 컨트롤
HIT
컬링 에센스 150ml
HIT
컬링 에센스 2X 150ml
아쿠아 스타일링 크림 120ml
헤어 글레이즈 300ml
스타일링 플루이드 300ml

k-touch 케어터치
k-touch 부스팅 샴푸 500ml
k-touch 케라틴리치 트리트먼트 300ml
k-touch 케라틴리치 앰플 5ml×15EA
k-touch 롱 래스팅 샴푸 300ml
k-touch 케라틴리치 컨디셔너 300ml

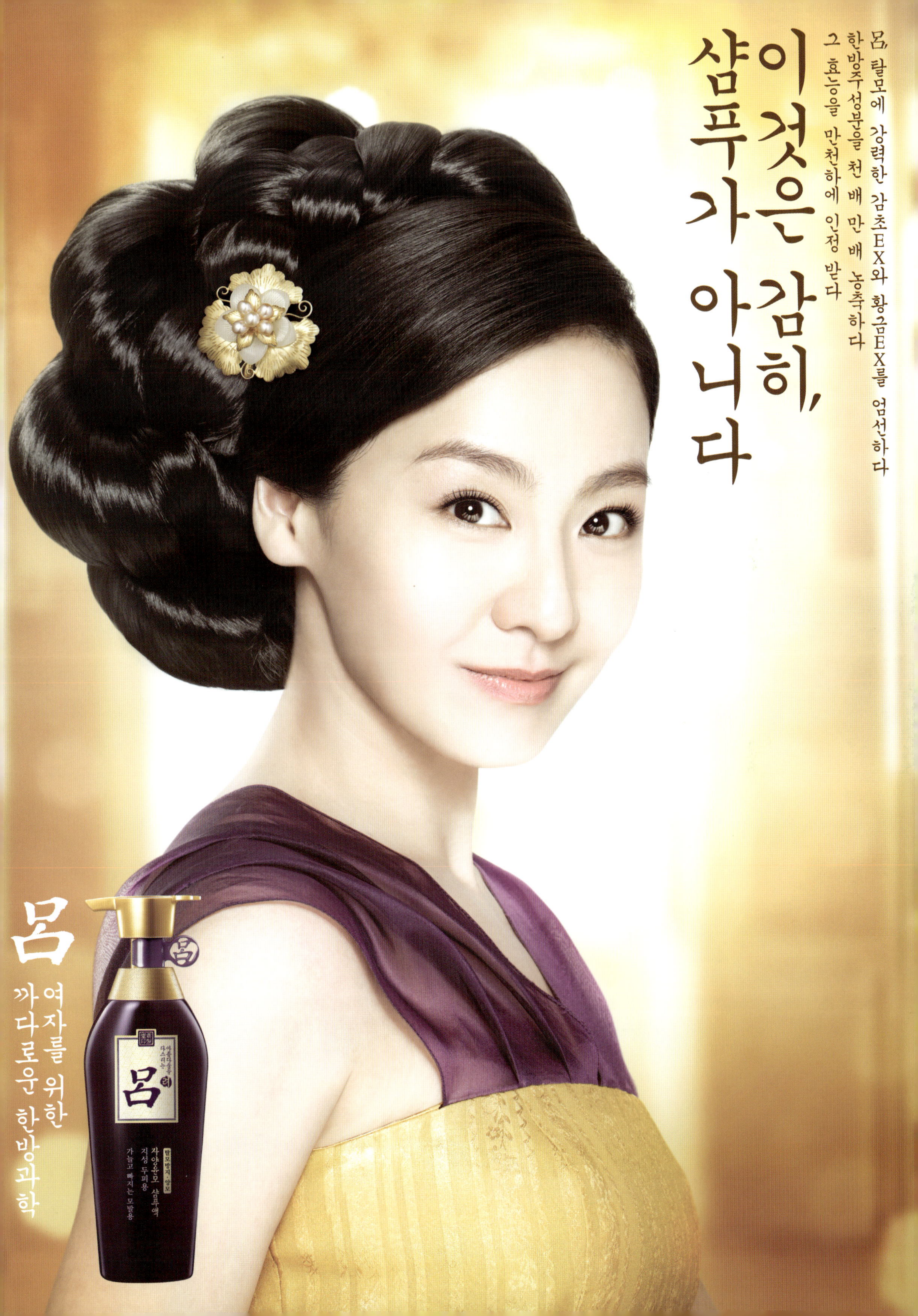

呂 탈모에 강력한 감초EX와 황금EX를 엄선하다
한방주성분을 천 배 만 배 농축하다
그 효능을 만천하에 인정 받다

이것은 감히,
샴푸가 아니다

呂
여자를 위한
까다로운
한방과학

살롱을
지속적으로 성장시키길
원하십니까?

리 안 헤 어 가

그 답을 찾아드립니다.

■ 가입조건과 절차

가입비: 16,000,000원
- –가입보증금: 5,000,000원 (계약해지시 반환)
- –가맹비: 11,000,000원 (환불불가, VAT포함)
- –월 로열티 *전용면적 40평 미만:500,000원 (VAT별도)
  *전용면적 40평 이상:600,000원 (VAT별도)
- –국내외 2012. 8월 말 네트워크 총 현황: 190개

매장평수
- –실평수 25평이상 가능
- –주변 상권 파악

오픈살롱 지원사항
- –오픈 이벤트 행사 및 판촉물 지원
- –오픈 교육 무상 실시(1~3일)
- –인성, 서비스, 살롱OJT, 워크샵 기술테크닉 등
- –산학협력 및 온라인을 통한 인력 구인 지원

■ 가입혜택

경영지원
- –경영자 경영 교육 및 정보 교류 활성화
- –전 매장 경영 지원 및 컨설팅 지도 실시
- –담당 슈퍼바이저 정기적 방문(월2회 이상)

교육지원
- –각 직급별 맞춤교육 실시
- –철저한 살롱 현장 교육 실시
  (기술, 인성, 서비스 등)

마케팅 지원
- –살롱 맞춤식 판촉, 이벤트 행사 실시
- –시즌별 매장 POP 및 헤어트렌드 포스터 지원

가맹문의 미창조(주) / 리안 본사 대표 전화
02) 588-1837

서울시 관악구 남현동 1060-4 동일빌딩 5층
www.riahn.co.kr

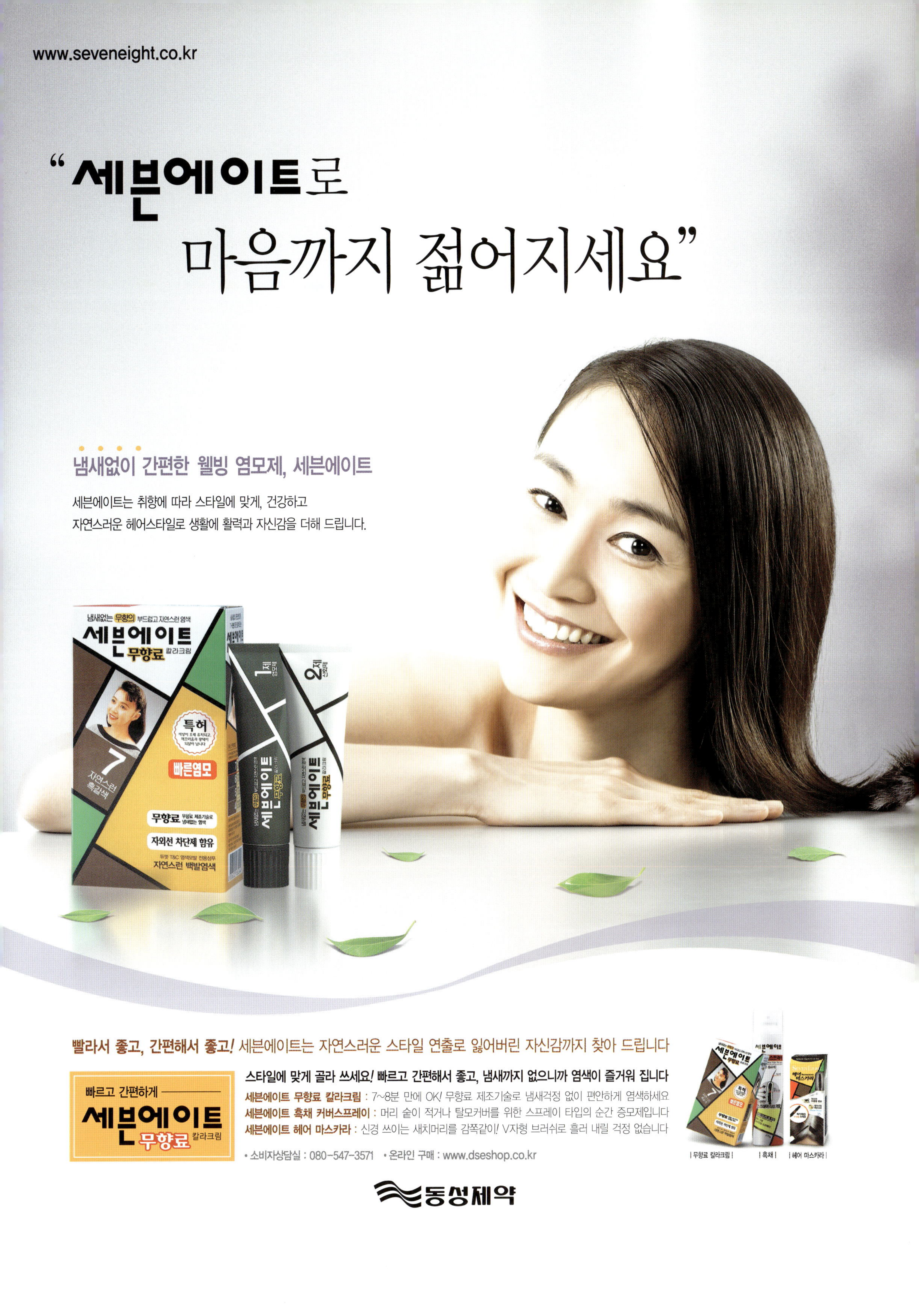

www.seveneight.co.kr
“세븐에이트로
마음까지 젊어지세요”
냄새없이 간편한 웰빙 염모제, 세븐에이트
세븐에이트는 취향에 따라 스타일에 맞게, 건강하고
자연스러운 헤어스타일로 생활에 활력과 자신감을 더해 드립니다.
냄새없는 무향의 부드럽고 자연스런 염색
세븐에이트
무향료 칼라크림
특허
빠른염모
7
자연스런 흑갈색
무향료
자외선 차단제 함유
자연스런 백발염색
1제
2제
빨라서 좋고, 간편해서 좋고! 세븐에이트는 자연스러운 스타일 연출로 잃어버린 자신감까지 찾아 드립니다
빠르고 간편하게
세븐에이트
무향료 칼라크림
스타일에 맞게 골라 쓰세요! 빠르고 간편해서 좋고, 냄새까지 없으니까 염색이 즐거워 집니다
세븐에이트 무향료 칼라크림 : 7~8분 만에 OK! 무향료 제조기술로 냄새걱정 없이 편안하게 염색하세요
세븐에이트 흑채 커버스프레이 : 머리 숱이 적거나 탈모커버를 위한 스프레이 타입의 순간 증모제입니다
세븐에이트 헤어 마스카라 : 신경 쓰이는 새치머리를 감쪽같이! V자형 브러쉬로 흘러 내릴 걱정 없습니다
• 소비자상담실 : 080-547-3571 • 온라인 구매 : www.dseshop.co.kr
| 무향료 칼라크림 |
| 흑채 |
| 헤어 마스카라 |
동성제약

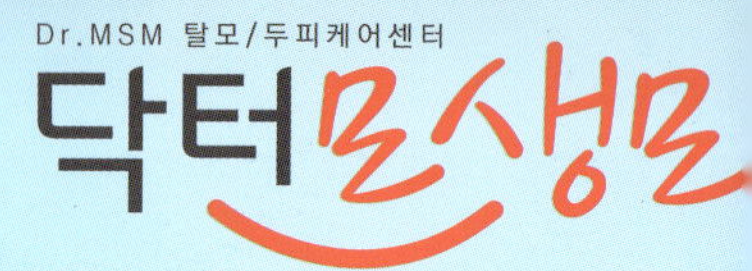

✔ **석탑산업훈장**

✔ **영국런던 BBC 국제발명전 금상**

✔ **스위스 제네바 국제발명전 금상**

✔ **독일 뉘른베르크 국제발명전 은상**

✔ **프랑스 파리 국제발명전 은상**

✔ **모생모 FDA OTC DRUG (일반의약품) 등록**

WIPO (세계지적 재산권 기구) 상 수상
모생모 KFDA 식품의약품 안전청 의약외품 허가 제품
'발모촉진용 외용액제' 특허등록 (제0259037호)

닥터모생모는 한독화장품(주)가 20년 이상의 연구결과로 탄생한 두피관리센터입니다.
한독화장품(주)의 닥터모생모는 모발의 근본인 피부부터 연구하여 1998년 임상실험에 착수하여
1999년 국내 첫 양모제품을 출시하였으며, 수 천명의 임상실험으로 그 효과가 입증된 대한민국 최초의
발모촉진용 외용액제 특허를 획득한 제품입니다.
한 단계 더 나아가 이제는 **발효**된 한방 제품 모생모로 찾아뵙겠습니다.

체험사례 확신이 가지않는 일반화된 전, 후의 단면적 사진이 아닌 사용 시기부터 단계적으로 취합된 입증된 월별 사진으로 모생모의 제품효능을 자신합니다.

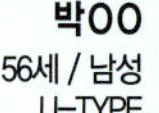

박OO
56세 / 남성
U-TYPE

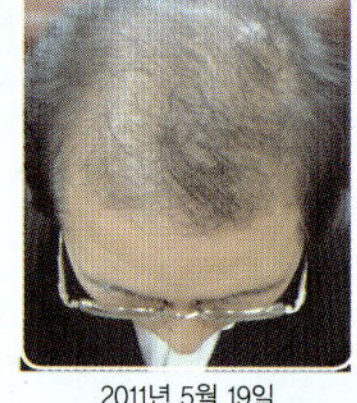 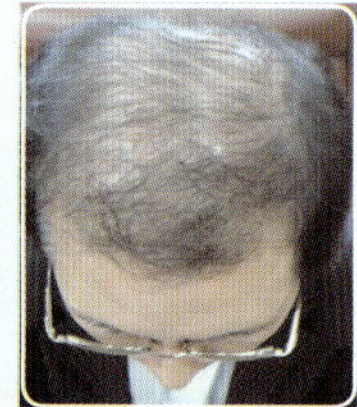 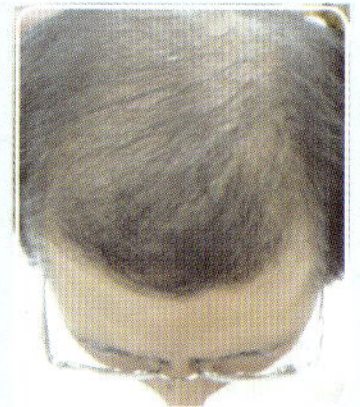 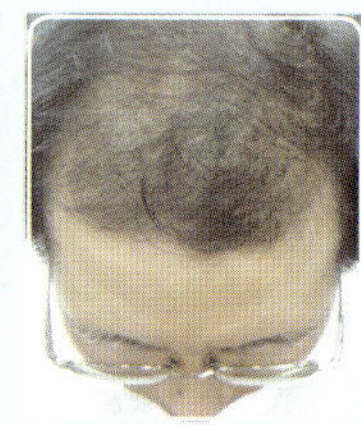 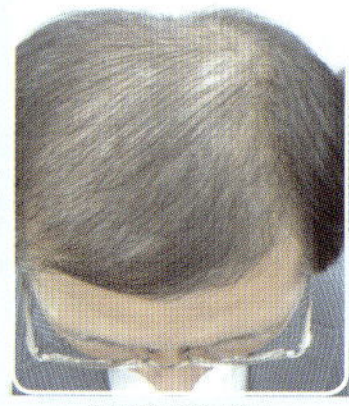 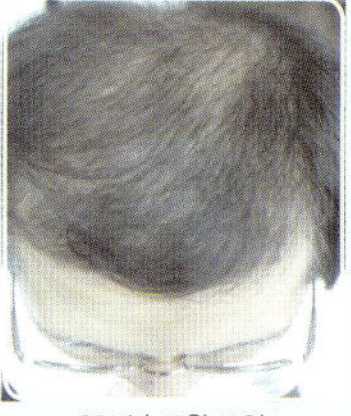 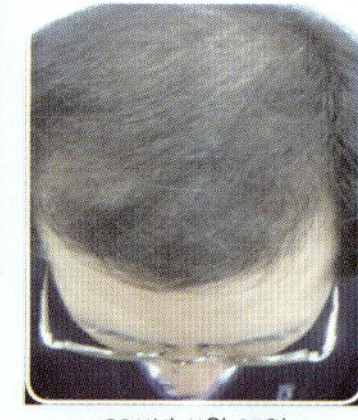 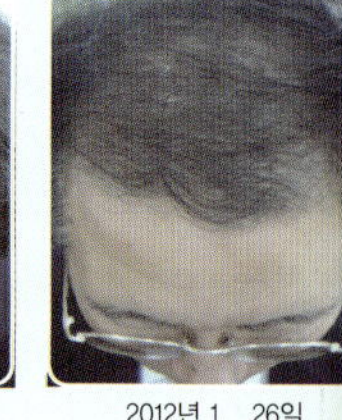

| 2011년 5월 19일 | 2011년 6월 1일 | 2011년 7월 3일 | 2011년 8월 19일 | 2011년 9월 19일 | 2011년 10월 19일 | 2011년 11월 25일 | 2012년 1월 26일 |

이OO
50세 / 여성
O-TYPE

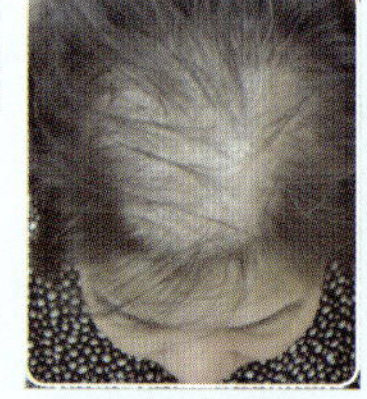 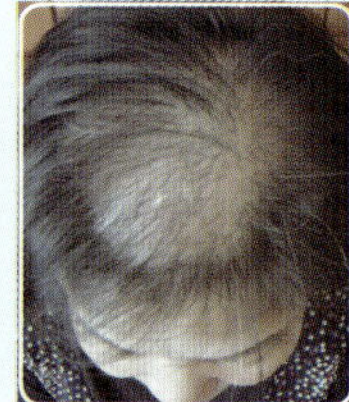 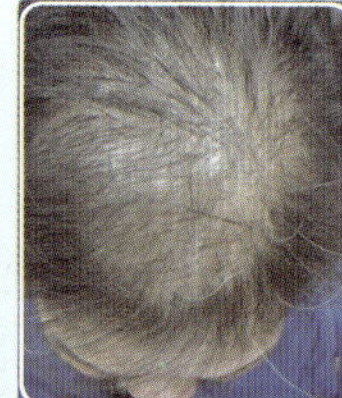 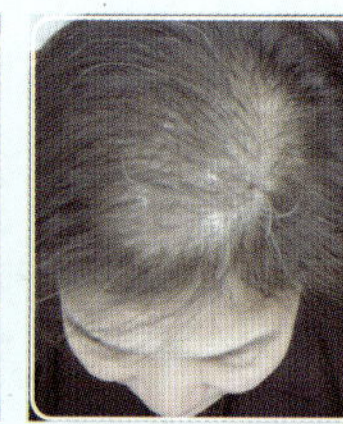 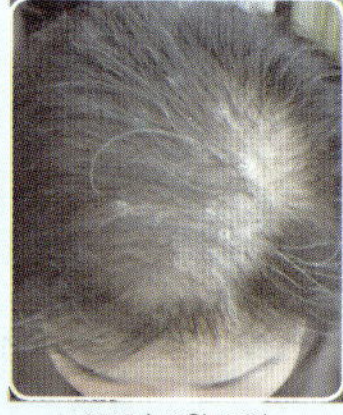 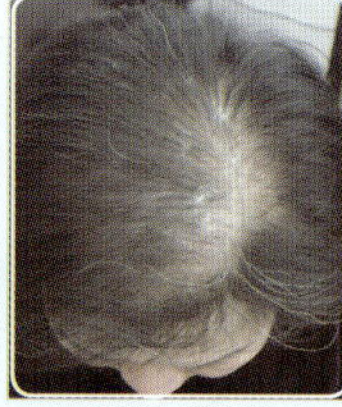 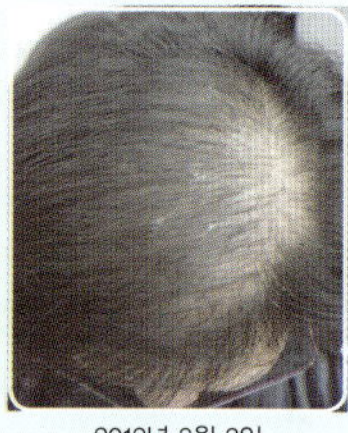 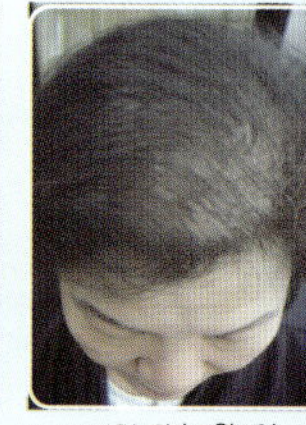

| 2011년 8월 30일 | 2011년 9월 15일 | 2011년 10월 10일 | 2011년 11월 7일 | 2011년 12월 30일 | 2012년 1월 30일 | 2012년 3월 2일 | 2012년 4월 1일 |

Dr.MSM 탈모/두피케어센터
닥터모생모 체인점 모집

명동지점 서울시 중구 소공로 35(회현동 1가 남산롯데캐슬아이리스 3층 317호) | 전화 02)318-7724 | 팩스 02)318-7734 | 이메일 drmsm@naver.com